Mr. Know All

从这里，发现更宽广的世界……

Mr. Know All

—— 小书虫读科学 ——

Mr. Know All
十万个为什么
不可思议的狗

《指尖上的探索》编委会 组织编写

小书虫读科学
THE BIG BOOK OF
TELL ME WHY

作家出版社

策划出品 悦读名品　图片服务 悦读名品 123RF

狗是一种常见的犬科哺乳动物，是人类忠实的伙伴和最喜爱的宠物之一。本书针对青少年读者设计，图文并茂地介绍了不可思议的狗、狗的习性、狗的一生、狗与人、狗族犬事和人类文明中的狗六部分内容。

图书在版编目（CIP）数据

不可思议的狗 /《指尖上的探索》编委会编. --
北京：作家出版社，2015.11
（小书虫读科学. 十万个为什么）
ISBN 978-7-5063-8525-1

Ⅰ.①不… Ⅱ.①指… Ⅲ.①犬—青少年读物
Ⅳ.①S829.2-49

中国版本图书馆CIP数据核字（2015）第278889号

不可思议的狗

作　　者	《指尖上的探索》编委会
责任编辑	王　炘
装帧设计	北京高高国际文化传媒
出版发行	作家出版社
社　　址	北京农展馆南里10号　邮　编　100125
电话传真	86-10-65930756（出版发行部）
	86-10-65004079（总编室）
	86-10-65015116（邮购部）

E-mail:zuojia@zuojia.net.cn
http://www.haozuojia.com （作家在线）

印　　刷	北京盛源印刷有限公司
成品尺寸	163×210
字　　数	170千
印　　张	10.5
版　　次	2016年1月第1版
印　　次	2016年1月第1次印刷
ISBN	978-7-5063-8525-1
定　　价	29.80元

作家版图书　　版权所有　侵权必究
作家版图书　　印装错误可随时退换

Mr. Know All
指尖上的探索 编委会

编委会顾问
戚发轫 国际宇航科学院院士 中国工程院院士
刘嘉麒 中国科学院院士 中国科普作家协会理事长
朱永新 中国教育学会副会长
俸培宗 中国出版协会科技出版工作委员会主任

编委会主任
胡志强 中国科学院大学博士生导师

编委会委员（以姓氏笔画为序）

王小东	北方交通大学附属小学	**张良驯**	中国青少年研究中心
王开东	张家港外国语学校	**张培华**	北京市东城区史家胡同小学
王思锦	北京市海淀区教育研修中心	**林秋雁**	中国科学院大学
王素英	北京市朝阳区教育研修中心	**周伟斌**	化学工业出版社
石顺科	中国科普作家协会	**赵文喆**	北京师范大学实验小学
史建华	北京市少年宫	**赵立新**	中国科普研究所
吕惠民	宋庆龄基金会	**骆桂明**	中国图书馆学会中小学图书馆委员会
刘 兵	清华大学	**袁卫星**	江苏省苏州市教师发展中心
刘兴诗	中国科普作家协会	**贾 欣**	北京市教育科学研究院
刘育新	科技日报社	**徐 岩**	北京市东城区府学胡同小学
李玉先	教育部教育装备研究与发展中心	**高晓颖**	北京市顺义区教育研修中心
吴 岩	北京师范大学	**覃祖军**	北京教育网络和信息中心
张文虎	化学工业出版社	**路虹剑**	北京市东城区教育研修中心

目录 Contents

第一章　不可思议的狗

1. 狗的祖先是狼吗　/2
2. 狗和狼有什么区别　/3
3. 人类从什么时候起开始驯养狗　/4
4. 狗的演化过程是怎样的　/5
5. 狗主要有哪些品种　/6
6. 工作犬是干什么的　/7
7. 人类从什么时候开始把狗当宠物　/8
8. 狗的骨头多还是人的骨头多　/9
9. 狗的毛发有什么生长规律　/10
10. 有没有不长毛的狗　/11
11. 狗的嗅觉为什么异常灵敏　/12
12. 狗会像小孩一样换牙吗　/13
13. 狗吃东西时为什么喜欢"狼吞虎咽"　/14
14. 狗的舌头能品出味道来吗　/15
15. 狗在夏天为什么喜欢吐舌头　/16
16. 狗的听觉为什么异常灵敏　/17
17. 为什么说狗的耳朵"会说话"　/18
18. 狗难道真的是色盲吗　/19
19. 为什么狗在漆黑之中也能看到东西　/20
20. 狗掌上长肉垫有什么用　/21

第二章 狗的习性

21. 狗有表情吗 /24
22. 狗的智商怎么样 /25
23. 狗为什么能被训练 /26
24. 狗是如何感知时间的 /27
25. 狗是如何记忆事物的 /28
26. 狗是右撇子吗 /29
27. 狗最害怕什么 /30
28. 为什么说狗的尾巴最能"传情达意" /31
29. 狗有"占地为王"的习惯吗 /32
30. 狗喜欢什么样的生活环境 /33
31. 狗在卧下前为何喜欢在周围转一转 /34
32. 狗睡觉时为什么喜欢捂鼻子 /35
33. 狗每天睡多久 /36
34. 狗会做梦吗 /37
35. 狗的语言有何特点 /38
36. 狗与其他动物能够交流吗 /39
37. 狗睡觉后还能听到声音吗 /40
38. 狗见到陌生人为何要吠叫 /41
39. 为什么"叫的狗不咬,咬的狗不叫" /42

40. 为什么圈养的狗会很凶 /43
41. 狗的消化系统怎么样 /44
42. 狗爱吃什么东西 /45
43. 狗饿极了吃草吗 /46
44. 为什么"狗改不了吃屎" /47
45. 狗为什么喜欢啃骨头 /48
46. 狗也会呕吐吗 /49
47. 狗为什么喜欢"拿耗子" /50
48. 公狗撒尿时为何跷起一条腿 /51

第三章 狗的一生

49. 狗一胎能生几只小狗 /54
50. 分娩后狗妈妈为何不吃东西 /55
51. "坐月子"时狗妈妈为什么特别凶 /56
52. 小狗出生后就能看到东西吗 /57
53. 狗宝宝多大后可以独立生活 /58
54. 到陌生环境后狗为何会在夜晚呻吟 /60
55. 小狗为何不敢在外面小便 /61
56. 狗也有"叛逆期"吗 /62
57. 幼犬何时步入"成年" /63
58. 狗想"谈恋爱"时有何表现 /64
59. 狗如何挑选自己的恋爱对象 /65
60. 狗步入老年后有何征兆 /66
61. 狗在什么时候会变得"离群索居" /67

第四章　狗与人

62. 人在狗的哪一时期最容易与狗建立友谊　/70
63. 为什么说狗是人类忠诚的朋友　/71
64. 狗为什么能看家　/72
65. 为什么说狗是"危险警报器"　/73
66. 狗为什么"不嫌家贫"　/74
67. 狗有嫉妒心吗　/75
68. 狗有"家"的概念吗　/76
69. 狗为什么会"恋旧"　/77

第五章　狗族犬事

70. 导盲犬如何导盲　/80
71. 为什么导盲犬一生只有一个主人　/81
72. 警犬是如何追踪犯罪嫌疑人的　/82
73. 为什么要给警犬装钛獠牙　/83
74. 救护犬是如何救人的　/84
75. 为什么说牧羊犬是牧场的"小主人"　/85
76. 为什么绝大多数的牧羊犬是白色的　/86
77. 斗牛犬真的会"斗牛"吗　/87
78. "西施犬"一名是怎么来的　/88
79. 蝴蝶犬真的像蝴蝶吗　/89
80. 哪种狗跑得最快　/90

81. 哪种狗最温顺 /91

82. 藏獒为什么被称为"东方神犬" /92

83. 茶杯贵宾犬真的可以被放进茶杯里吗 /93

第六章 人类文明中的狗

84. 狗是怎么成为十二生肖之一的 /96

85. "刻耳柏洛斯"为何有三个头 /97

86. 哮天犬的原型是什么 /98

87. 真的有"天狗"吗 /99

88. "白衣苍狗"一词有什么含义 /100

89. "狡兔死,走狗烹"一词是怎么来的 /101

90. "一人得道,鸡犬升天"讲的是什么故事 /102

91. 世界上有"职业遛狗人"吗 /103

92. "狗教堂"是怎么回事 /104

93. 有招待狗的饭店吗 /105

94. 有专门为狗生产的冷饮吗 /106
95. 爱斯基摩人为何用狗拉雪橇 /107
96. 什么是"犬儒主义" /108
97. 通过养狗我们能学到什么 /109

互动问答 /111

捷克作家米兰·昆德拉曾经说过："狗是我们与天堂的联结。它们不懂何为邪恶、嫉妒、不满。在美丽的黄昏，和狗儿并肩坐在河边，有如重回伊甸园。即使什么事都不做也不觉得无聊——只有幸福平和。"几千年来，狗一直是人类忠实的朋友，它们陪伴在我们左右，无私地奉献自己的一切。狗似乎很了解人类，主人的一笑一颦它都了然于心，但是人类到底有多了解狗呢？其实狗并不是一直都陪伴在人类左右的，它们是通过人类的驯化，慢慢地成为了人类的朋友。狗的祖先是狼，虽然狗和狼性格上完全不同，但是外表看起来格外相像。进入人类社会之后，狗的品种极大地丰富起来，各种宠物狗也应运而生了。现在就让我们一起走进狗的世界吧！

第一章

不可思议的狗

1. 狗的祖先是狼吗

如果你对狗稍有了解，就会发现有许多狗和狼长得十分相似。它们都有尖尖的耳朵，有会在夜晚发光的眼睛、嗅觉灵敏的鼻子，还有尖锐锋利的牙齿。它们之间有血缘上的关系吗？要不然，怎么会长得那么像呢？

关于狗的祖先的问题，生物学上一直都有两种观点并立。这两种观点分别是一元说和多元说，在这两种说法中，关于狗的祖先到底是谁有很大的分歧。一元说认为，狗是由狼驯化而来的，狼是狗的唯一祖先。早在人类饲养狗之前，狗的祖先就在进化了，它们一点一点地变得更像狗。多元说是和一元说对立的观点，但是这种观点也没有否认狼和狗之间的"亲戚关系"。多元说认为除了狼之外，狗的祖先还有其他生物。为什么会有这么一种观点呢？这都是伴随着狗品种的多样化产生的，许多生物学家，包括大名鼎鼎的达尔文，都认为狗很可能是狼、狐、豺等动物杂交的结果。这种杂交导致许多"混血儿"的诞生，现在数不胜数的狗种，正是长期以来人类对狗进行精心选育外加遗传变异的结果。

由此看来，狗的家谱并没有我们想象的那么简单！但是不管哪种说法，都肯定了狼是狗的主要祖先这一点，狗和狼之间的血缘关系是可以确定的。

2. 狗和狼有什么区别

人们经常把那种体型较大、性格凶狠的狗叫作"狼狗",这种叫法不经意间让我们将狗和狼等同视之。事实上,狗和狼有许多不同之处。让我们一起看看,它们貌似相同的表面之下,到底有哪些区别吧!

在长相上,狼的两个耳朵大多竖立,狗的耳朵则总爱下垂。看尾巴也能成功地分辨二者,狼的尾巴又短又粗,毛很蓬松,常常垂在两条后腿之间,狗的尾巴则常向上卷曲。狗和狼的生活习惯也不同,狼是群居性极高的物种,我们在电视上总能看到在雪原奔跑的狼群,狗却是"温室的宠儿",更喜欢与人类生活在一起。狼是肉食性动物,狗虽然也喜欢吃肉,但是面食也是它喜欢的食物,而且有些狗还会吃些水果。狗和狼最大的不同之处在于它们的性格,狼凶狠而残忍,绝不会为了嗟来之食而摇尾乞怜;如果别人给狗东西吃,它却会高兴得摇头晃脑。狼似乎更懂爱情,公狼在母狼怀孕时,总是始终形影不离地保护母狼。

虽然人们总是喜欢把狗和狼相提并论,但是二者的区别是显而易见的。这些区别是它们长久以来生活习惯的不同造就的,狼更多地受到大自然的熏陶,而狗经过人类的驯养,则渐渐地融入了人类的社会。

3. 人类从什么时候起开始驯养狗

现在我们已经知道了狗的身世充满神秘性，要揭开这一谜底，说明"狗之所以为狗"，就不得不讲到狗的驯养。人类是从什么时候开始认识到狗的重要性，并开始驯养狗的呢？

狼是狗的主要祖先，狗后来被人类驯化成家畜，这是生物学界普遍认同的观点。但是要将残暴的狗驯化成温顺的狗，这绝不是一日两日的事。而且狗和狼的显著区别也表明它们早在很久以前就"断绝关系了"。美国的一位科学家利用考古的方法得出结论：狗可能在距今约1.4万年前被人类驯化了。

这位科学家对大量考古文献进行研究后，发现约在1.4万年前就有了狗的坟墓。大家一定听过林黛玉葬花的故事，其实，墓葬这种行为表现了人类对逝去事物的怀念。一般而言，只有当一件事物对人类而言十分重要时，才值得为它办一场葬礼。葬狗的行为有力地说明了人类与狗的亲密关系。如果狗不是在此期间就被驯化，成了人类忠诚的朋友，那人们又怎么会如此爱它，并将它埋葬呢？

但是也有科学家认为，狗被驯化的时间有可能要比距今1.4万年前早得多。因为，在被驯化之初，狗在人类的心中还没有那么重要的位置，因而也没有成为人类埋葬的对象。

4. 狗的演化过程是怎样的

遗传学显示，狗由狼进化而来，狗和狼的差异就像同属人类的两个不同人种的人。换言之，它们二者在身体构造上根本就没什么不同，使它们如此不同的是彼此的生活习惯、性格等方面。正如人的习惯可以后天养成一样，狗也养成了与人类共处的习惯，但是，这种演化需要一个十分漫长的过程。

狼起源于 100 万至 200 万年前，比狗的出现要早得多。事实上，直到大约 10 万年前，人类才发现狗是一个有用的伙伴，并因此产生了把它引入自己家庭的想法。当他们将这一想法付诸行动后，狗和狼就分道扬镳了。人类不可能直接捕一只成年狼进行驯化，那太困难了。狗的驯化是从人类收养幼狼开始的。而攻击性较低、又善于乞食的幼狼便在天择中占据了优势，它们就是"原始狗"。当这种"原始狗"被驯养之后，主人走到哪里它们就会跟到哪里。渐渐地，人类发现有条狗真的很方便，想出了通过繁殖来增加狗的数量的方法。因为两条忠诚的狗交配后生出的狗依然忠诚，也仍旧能够放牧、狩猎或是看家守院。

为什么现在的狗会有如此多的品种呢？生物学家给出解释，人们按照不同的目的对狗进行驯养，让它们为人类提供特定服务，这影响了狗的进化。长期选择性繁殖也决定了狗品种的多样性。

5. 狗主要有哪些品种

狗的品种非常多,对于狗的品种分类,目前还找不到统一的标准。这的确是一件难办的事,但是美国养犬俱乐部为大家提供了一个标准。让我们看看它是怎么划分狗的品种的吧!

见的最多的狗种要属"运动犬",可卡犬、拉布拉多犬、爱尔兰塞特犬和英国史宾格犬都是运动犬家族十分有名的成员。"猎犬"是打猎的好帮手,活泼、忠诚的天性为它们赢得了家中爱犬的地位,常见品种有灵提和阿富汗猎犬。"工作犬"大多形体很大、四肢强壮,更难得的是非常温顺,它们能从事运输(如拉雪橇)和导盲的工作,给人类的生活带来很多方便。"梗犬"是近几百年来英国培育出的新品种,它们很活跃、好奇,精力充沛,体态娇小,模样特殊,惹人喜欢。贝林登梗、苏格兰梗就是比较有名的梗犬。"玩赏犬"中常见品种有吉娃娃、博美、约克夏等。"非运动犬"是较"运动犬"而言的,松狮犬、贵妇犬和中国沙皮狗都很有名。"畜牧犬"之所以单独成类,是因为这种狗有"畜牧"的本领,柯利犬、喜乐蒂牧羊犬、柯基犬都是十分可爱的牧羊犬。"杂种犬"是那些难以归类的犬种,藏獒和高加索犬就属于杂种犬。

现在,你可以把自己见到的狗对号入座了吗?

6.工作犬是干什么的

犬的种类有许多种，工作犬是其中非常重要的一类。工作犬，顾名思义，它是通过正式训练从事某一种工作的。工作犬并非哪一个品种狗，正如你不能说拉布拉多犬和金毛就是导盲犬，因为只有经过训练它们才能获得导盲犬的身份。那么，经过人类的训练之后，工作犬都能做些什么呢？

在人类与狗成为朋友以来，工作犬对人类的工作和生活提供了巨大的帮助。军犬、警犬、海关缉毒犬、机场火药监测犬有很高的军警用途，可以帮助警察进行搜索和检查。一提到照顾生活，大家会不约而同地想到被训练成"导盲犬"的拉布拉多，其实也有一些狗可以用于照顾瘫痪或残疾的人士，它们可以帮自己的主人取一些生活用品，充当主人的"双腿"。救护犬在发生火灾、雪灾时会派上很大的用场，因为它们嗅觉灵敏、机智勇敢，总能迅速地找到落入灾难中的生存者，及时将他们救出来。最值得一提的是爱斯基摩人的雪橇犬，在寒冷的北极圈附近，一年四季冰雪肆虐，生活在那儿的爱斯基摩人最方便出行的交通工具就是雪橇了，而他们的雪橇正是由狗来拉的。

除此之外，还有一些狗从事非常新潮的职业，比如在马戏团担任专职"演员"，或者给宠物杂志当专职"模特"。相信随着时间的推移，狗的职业一定会向多样化发展的。

7. 人类从什么时候开始把狗当宠物

狗的驯化史十分漫长。在被驯化初期，狗一般是协助人类工作的。但是随着时间的推移，人们渐渐地发现了狗的可爱之处，开始将狗作为自己的宠物饲养了。你知道人类将狗当作宠物的现象是从什么时候出现的吗？

中国养狗的历史有 5000 余年，可以这样说，中国人一走入文明社会，就有了养狗的习惯。由此可以推测，中国人把狗作为宠物来养，应该也有很长的历史。随着历史的推移，小型狗出现了。这种狗不像那些狩猎犬一样高大健硕，但是这种狗却显得十分娇小可爱。正是占了外貌上的光，这种狗虽然干起活来没有普通的狩猎犬有能力，但是待在室内却是一道美丽的风景。于是，许多有钱的妇人不再允许自己的狗到野外去，而是成天抱在怀里，百般呵护。从史书的记载和留世的画作可看出，中国在唐代就已经有宠物狗了，那个时候养的主要是小型的狮子狗。与中国人相较，西方人养宠物狗的历史也不短，最早的记录可以追溯到 1000 年前，这种风尚从法国传到英国，在欧洲引起了一场"养宠物狗"热潮。

现在，随着单身现象和丁克家族的增多，宠物狗就更普遍了。人们对自己的宠物狗非常爱护，甚至把它当成家庭的一员。

8. 狗的骨头多还是人的骨头多

到底是人的骨头多还是狗的骨头多呢?

狗的品种很多，体态也各不相同，像阿拉斯加犬那样的大狗站起来比人还要高，像茶杯贵宾犬那样的小狗却只有拳头那么大。有意思的是，从外貌来看，各种狗的身体构造都是相同的。

从外型来看，狗的身体结构一般由头、躯干、四肢和尾巴组成，大致而言，狗有225～230块骨头。生物学界对人骨头的研究要更为精确一些，成年人的骨头共有206块，分为头颅骨、躯干骨、上肢骨、下肢骨四个部分。但奇怪的是，儿童的骨头却比大人多。这是因为儿童的许多骨头，比如髋骨和尾骨，长大后会由4～5块合成1块。这样加起来，儿童的骨头要比大人多11～12块，就是说有217～218块。医学书上说，初生婴儿的骨头多达305块。

因此，狗与人比起来，谁的骨头多是不能一概而论的，狗骨头和儿童的骨头的数目是比较接近的。

9. 狗的毛发有什么生长规律

狗的毛发的作用相当于人的衣服的作用，其生长自然也有自己的规律可循。狗的毛发的生长规律是怎样的呢？

初生的小狗只有一层细小的绒毛，看起来就像赤身裸体的婴儿。当然，出生之后，小狗仔不会一直"光着身子"，幼仔的毛发会从肚皮的四周开始长出来。等到满月后，狗就长出一身整整齐齐的毛了。这一阶段，小狗身上的毛又柔又软，就像幼儿的头发一样。再大一些，狗的毛发就会变硬。当狗的脊背上长出硬的毛，这就算是狗"成年"的标志了。

但是狗的毛发并非长出后就一成不变。我们人类绝不会在大夏天穿大衣，狗也不会在夏天傻乎乎地顶着一身厚毛。可是，狗在夏天里也不是光秃秃的呀！的确，狗在夏天仍顶着一身毛，但是与冬天比起来，这些毛已经少了一半了。等秋天一到，狗身上就会开始长出更多新的毛发来了，为冬天准备暖和的新"衣裳"。

养狗的人都知道，如果勤梳理狗的毛发，将会有助于狗皮肤的血液循环。不但会令狗的毛发显得整齐漂亮，还能促进其生长。这和人经常梳头是一个道理。

10. 有没有不长毛的狗

养过狗的人都知道，一到夏天狗都会脱毛。狗毛粘在沙发上，粘在主人的衣服上，这的确是一件既讨厌又麻烦的事。于是许多人在决定养狗之前，就周到地考虑到了这样一个问题：有没有不长毛的狗呢？

不可否认的是，大家见过的狗大多是长毛的。但是这并不能否认有不长毛的狗存在，世界上还真有一种狗天生不长毛，这就是墨西哥无毛犬！从这个名字就看得出，不长毛是这种狗的特色。墨西哥无毛犬全身黑色，一根毛也没有，而且摸起来十分滑溜。如果养了一条墨西哥无毛犬，即使在夏天，你也不必担心它有脱毛的麻烦。

在中国有没有不长毛的狗呢？答案是没有。但是中国有一种毛很少的狗，叫中国冠毛犬。它体形小，只有头顶和尾巴尖还有脚上长毛。对于讨厌狗毛的人来说，中国冠毛犬也是不错的选择。值得一提的是，有些本来长着茂密毛发的狗有时也会出现浑身无毛的现象，这种情况下，多半是因为狗长了螨虫，一定疏忽不得，要及时治疗。

如果你已经养了狗，而且它有一身飘逸的毛发，而你又为之苦恼的话，最好的办法就是在夏天为它剃个"光头"。这样一来，虽然狗狗会有几天觉得不太习惯，但是既凉爽又省心，真的很方便。

11. 狗的嗅觉为什么异常灵敏

我们经常在电视上看到警察带着警犬追捕犯罪嫌疑人。警犬这儿嗅嗅，那儿嗅嗅，然后就能确定犯罪嫌疑人的逃跑方向，一路追过去，不抓到罪犯绝不罢休。狗能够追捕犯罪嫌疑人，和它有一个灵敏的鼻子是分不开的。那么，狗的嗅觉为何会如此灵敏呢？

狗对气味的敏感程度非常高，辨别气味的能力也很强。狗的嗅觉感受器官叫作嗅黏膜，位于鼻腔上部，表面有许多皱褶，面积约为人类的4倍。这还不算，狗嗅黏膜内的嗅细胞有2亿多个，竟然是人类的40倍！4倍于人类的嗅黏膜面积，再加上2亿多个嗅细胞，无怪乎狗辨别气味的能力会这么强了！

研究表明，狗的嗅觉不但灵敏，而且精准。狗可以在诸多气味中嗅出特定的味道，发现气味的能力是人类的100万倍甚至1000万倍，分辨气味的能力超过人的1000倍。一只经受过专业训练的警犬甚至能辨别10万种以上的气味，人们正是利用犬类的这一本领来为自己服务的。

说来说去，这都是因为狗拥有一个灵敏的鼻子。这个黑乎乎的小鼻子虽然其貌不扬，作用可是不能小觑（qù）的。

12. 狗会像小孩一样换牙吗

小孩长到七八岁时就开始换牙了，对大多数孩子来说，换牙是一个痛苦的过程。事实上，经历这种痛苦的不只小孩，家里养的宠物狗也是会换牙的！

狗长到五六个月大时，就相当于人类七八岁的年龄了。这个时候，狗的乳牙会慢慢脱落，与此同时，狗的恒牙开始生长。恒牙就像咱们人类的大人的牙齿，会伴随着狗一直到老。当狗的恒齿全数代替乳牙之后，就标志着这条狗换牙的过程结束了。一条狗全部换完牙，要花五六个月的时间。一般而言，到一岁左右的时候，狗的恒齿就能长齐了。

狗换牙是不争的事实，但是有人或许会反驳说：可是我从没见过哪条狗掉过牙齿啊！的确，狗和人不一样，狗掉了牙之后不会将它吐出来，而是把牙齿吞到肚子里。但是不要担心，狗的牙齿会随粪便排出体外的。更有意思的是，狗也有看牙医的必要，如果狗的乳牙不自动脱落，就应该请兽医帮助拔掉。因为乳牙一直不脱落，就会影响恒齿的生长。

一般而言，养狗的人都不会注意到狗在换牙。细心的人可能会看到狗有牙龈出血的现象，这是新齿未长出而旧齿过早脱落造成的。不要担心，只要饲喂合理，不会对新齿生长造成影响。

13. 狗吃东西时为什么喜欢"狼吞虎咽"

我们都知道,吃东西时细嚼慢咽是一种好习惯。稍微留心,你就会发现,狗在吃东西的时候总是"狼吞虎咽",这是狗的习性,即使后天训练也无法纠正过来。狗吃东西为什么就不能慢慢来呢?

一方面,这和狗的牙齿有关,狗属犬科,不像牛羊那样有发达的咀嚼用的牙齿,因而在进食时不大咀嚼。但是,并不是说,狗吃任何东西都不咀嚼,它们可是相当有分寸的。它们会自己判断这种食物用不用咀嚼,如食物很硬,哪怕再小,它也会嚼一嚼再下咽。狗的消化系统远比我们想象的要好得多,这也是它不大用牙齿的原因。另外,狗吃东西不咀嚼,也是本性的残留。狗的祖先是狼,它们已经习惯了那种吃东西不加咀嚼的习惯,也就不容易改正了。

但是这种坏毛病并非完全不能改正。许多驯犬师就有许多让狗养成"细嚼慢咽"的好习惯的办法:每天喂食要定时定量,让它慢慢适应,不要等非常饿的时候才喂;每次吃饭前都让它坐下,练习一下它的耐性,吃得太快的话就把食物拿走,继续让狗狗坐下。这么做的确很管用,过不了多久情况就会有所改善,狗毕竟是一种十分聪明的动物,为了讨主人的欢心,它是愿意克制自己的习性的。

14. 狗的舌头能品出味道来吗

狗 是一种嗅觉很灵敏的动物,但它们的舌头似乎品不出味道来,有些特别咸或特别甜的食物,它们依旧吃得津津有味,这是怎么回事呢?

其实,狗和人类一样,是有味觉的。狗的味觉感官位于舌头上,这一点和人类没有太大区别。为什么狗似乎不能辨别许多味道呢?这都要归罪于一种叫作"茄考生氏器"的细胞。这种人类所没有的"茄考生氏器"细胞,使得狗的味觉很迟钝。那么狗一点儿也无法识别味道吗?当然不是这样,狗的嗅觉十分灵敏,它们无法通过细嚼慢咽来品尝食物的味道,就转而去依靠嗅觉的作用了。

知道这一点之后,以后为狗准备食物的时候一定要特别注意气味的调理。只要闻起来香喷喷的,狗狗定会欣然接纳的。

15. 狗在夏天为什么喜欢吐舌头

夏天到了，天气闷热难耐。青蛙跳进了水里，鸟儿也钻进了树荫里。一条狗神态悠闲地走来走去，穿着厚厚的"皮草大衣"，吐着红艳艳的大舌头，显得风度翩翩。难道它有什么降暑绝招吗？

其实，狗是最怕热的动物。狗的皮肤和人身上的皮肤不同，无法排泄汗水，狗的身体也不像其他动物那样可以自我调节温度。但是生为一种喜欢运动的动物，狗又不能因为热而一动不动。如此看来，夏天似乎应该是狗最不喜欢的季节了！奇怪的是，即使在夏天，它们仍旧一副神气活现的神态，欢快地吐着舌头。千万不要误解，狗族成员这副模样可不是在装萌，这是在降暑！

狗的皮肤无法排汗，汗腺全在舌头上，要想尽快把体内的汗液排泄出去，只有借助自己的舌头。所以狗才会在大热天拼了命地吐出舌头，这样可以让舌头上的汗水快快蒸发，好降低身体的温度。体温降低了，狗就不会因为自己披了一身厚毛而中暑了！

这下我们就明白了，看到狗吐出舌头喘气说明它很热。这时可以让狗狗静下来休息休息，顺便喝些水，帮它降降暑。

16.狗的听觉为什么异常灵敏

养过狗的人都知道,在寂静的夜晚,稍微有一点儿动静,狗就会"汪汪"吠叫起来。狗族成员真是好样的,不但嗅功了得,连听觉也异常灵敏。现在就让我们一起了解一下狗的听觉为何如此灵敏吧!

狗能分辨极为细小的或是高频率的声音,对声源的判别能力也很强。据科学家统计,人的听觉音频范围为 20~20000 赫兹,而狗的听觉音频上限可达 40000 赫兹以上。人在 6 米远就不易听到的声音,狗却能在 24 米以外还可以听到,它的听觉是人的 16 倍。到底是什么使狗有如此大的本领呢?这全都是由狗的听觉器官具有特殊的生理结构决定的。狗听到声音时,耳朵与眼睛会产生交感作用。这种神奇的交感作用可以使它能用眼睛"注视声音"。狗的这一特征使猎犬、警犬能够正确地辨出声音的方向,为主人指明目标。另外,这也使得驯狗变得简单易行。狗对人的口令或简单的语言,可根据音调、音节变化产生条件反射,因此当你向狗发布命令时,即使声音很小或是隔得很远,它还是可以清清楚楚地听到,并按你的命令行事。

但是狗听觉灵敏也有一定的坏处,那就是你不能近距离地对它大吼大叫,过高的声响对狗是一种逆境刺激,会使它有痛苦、惊恐的感觉。

17. 为什么说狗的耳朵"会说话"

很少有人能够主动控制自己的耳朵动起来,但是,对狗来说,这件事真是简单极了。每只狗都可以轻松控制自己耳朵的形态和姿势。因为这是它们的一种交流方式。狗无法像人类一样进行语言沟通,因而,从某种意义上说,狗的耳朵是能够"说话"的。

现在我们来看看,狗的耳朵都会"说"哪些话吧!最容易理解的"耳朵语言"就是直立的耳朵,这是很漂亮的姿势,但是却有好几种不同含义。当狗被新的声音或现象吸引时,耳朵就会直立或稍微向前倾,这就像在说"怎么了?出了什么事?"当狗聚精会神地观察周围时,这种耳朵的姿势是在说"啊,这可真有趣!"如此看来,狗也是一种好奇心很强的动物。如果狗的耳朵向后拉,这是一种恐慌的表现,就好像在说"我害怕,别再威胁我,否则我要反击的"。如果狗的耳朵耷拉下来,那就是承认自己做错了事,在恳求你的原谅,这个时候你最好拍拍它的脖子,这样,它就知道主人不再怪自己了,立刻变得欢快起来。

狗的耳朵的确能表达很多内容,仔细观察的话,更有利于我们和狗的沟通,拉近我们和狗狗之间的情感距离。相反,如果你不搞懂狗的语言,对一只已经承认错误的狗横加批评,一定会深深地伤到它的心的。

18. 狗难道真的是色盲吗

你有没有想象过，如果这个世界没有了颜色会变成什么样？不仅仅是世界变得单调了，生活也会凭空多出许多麻烦，比如无法分辨红绿灯。你知道吗？所有的小狗都是色盲，它们生活在一个单调的视觉世界里。

在同情小狗的同时，大家一定也对这个问题十分感兴趣：到底是什么原因使小狗成为色盲呢？人之所以能够看到五颜六色的东西，是因为人的视网膜上有好多种视锥细胞，正是这些视锥细胞使人类的眼睛有了分辨各种波长的光波的能力。而对各种光波的识别，则相应地使人类能够看到各种颜色。但是，狗的视网膜和人是不同的，上面只有两种视锥细胞，它们只能识别短波长和中长波长的光波。正是在光波识别上的差距，使狗只能看到极其单调的颜色。在光学上，波长短的光波是蓝光，中长波长的光波是红黄光。所以，狗的眼睛就只能感受到蓝光和红黄光，只能够分辨深浅不同的蓝色和紫色。在狗看来，世界可不是五彩缤纷的，而是黑色、白色和暗灰色的。比如，绿色对狗来说是白色，所以绿色草坪在狗看来是一片白色的草地。

虽然无法看到五颜六色的大自然，但是这似乎并没有降低狗探索这个世界的兴趣。狗用灵敏的嗅觉和听觉，弥补了它视觉上的不足。

19. 为什么狗在漆黑之中也能看到东西

狗在夜间的视力比人类要好得多，美国某大学的最新研究确认，狗在夜晚的视力大概是人的5倍——在人眼可视的最暗亮度1/5的亮度下，狗也能看见东西。是什么原因使狗有了这种夜视的本领呢？

狗之所以能在微弱光线中看清东西，原因之一是它的瞳孔比人类的更大。大的瞳孔可以帮狗收集更多光线，因而即使在黑夜，它们也看得到东西。还有一个原因是，狗的视网膜中有更多的"感光细胞"，感光细胞又叫"棒状体"，棒状体中的"感光化合物"能对弱光作出反应。另外，狗眼球的晶状体离视网膜更近，这就使它看到的事物的成像更为明亮。但是狗最大的特长还是眼球中有一层"反光组织"，它们像镜子一般，能够反射光线。反光组织的存在让视网膜有两次机会捕捉到进入眼球的光线，因此提高了狗在弱光下的视力。狗的眼睛在黑暗中会闪闪发光，就是这种反光组织造成的。不过，这种在夜间十分有用的反光组织在白天可就没有这么厉害了，它会散射掉一些光线，使狗在正常光线下的视力有所降低。

正是这种生理上的特殊性使狗在黑暗中看得更清楚，当然，这种优越性只表现在晚上，在白天的时候狗就失去这种优势了。但是对于狗来说，只需在晚上具有这种优势就心满意足了，因为这个长处可以让狗狗更好地尽到看家护院的职责。

20. 狗掌上长肉垫有什么用

养过猫的人都知道猫的脚上长着几个小肉垫，这使得它走起路来没有一丝声音，因而为捕鼠提供了巨大的方便。其实，长肉垫可不是猫的专利，狗也长了肉垫，狗又不捉老鼠，长这些肉垫有什么用呢？

虽然狗不像猫那样做什么事都"轻手轻脚"的，但是狗也不喜欢制造噪音，狗脚上长了肉垫，就像穿上了室内用的棉拖鞋，走起路来就不会发出尖锐的声音了。如果让人们选择养山羊或是养狗，大多数人可能会选择后者，这倒不是因为山羊不可爱，而是因为山羊时刻穿着"硬跟鞋子"，走起路来不停地发出"嗒嗒"声，这可真让人受不了。狗脚上长肉垫还有一个好处，那就是舒适、不伤脚。狗是喜欢奔跑的动物，脚上长了肉垫，它们奔跑起来就像我们穿上了橡胶底的运动鞋，真是又轻又快！除此之外，狗脚上的肉垫还可以保护爪子。细心的你一定发现了，狗爪在不用的时候，总是缩进肉垫里。如此看来，肉垫还起到了手套的作用。

小小的几个肉垫，既做鞋又做手套，对狗来说，这掌上的肉垫还真是功不可没呢！现在你知道了吧，脚上长肉垫可不是猫的专利，狗的脚上也长了肉垫，而且狗脚上的肉垫可不比猫脚上的肉垫作用小哦！

狗有喜欢的事,有讨厌的事,它们虽然勇敢而忠诚,但是有的时候又显得温柔而胆怯。只有了解了狗的性格,我们才能根据它们的需要为它们创造一个舒服的生活环境,并让它们在这个小天地里快乐地生活、成长。现在,让我们一起走入狗的内心世界,看看它们到底是怎样的吧!

第二章 狗的习性

21. 狗有表情吗

"表情"一词一般用在人的身上，人的一颦一笑被称之为表情。其实，小动物也是有表情的，尤其是我们养的狗，而且，狗的表情可是丰富极了！

狗的表情和人有许多相同之处，都能表达高兴或者愤怒。但是，毕竟人和狗不是同一种生物，狗的表情有许多和人不同的地方。最显著的一点就是，人的表情大多通过面部表现出来，而狗的全身都可以表达自己的情绪。这并不是说狗没有面部表情，狗的眼睛最能传情达意，它的愤怒、可怜大多通过眼睛流露出来。除了眼睛之外，狗的舌头也能表达自己的感情。狗的舌头吐出来的时候，能表达一种欢快的情绪。人很少用耳朵来表达感情，与人相较，狗的耳朵也会"说话"，而且可以表达很多种情绪。然而，狗更多的情绪却是通过尾巴来表达的。狗尾的动作是它的一种"语言"。在兴奋或见到主人高兴时，它就会摇头摆尾，表达自己内心的喜悦；狗的尾巴下垂时，意味危险；如果主人用严厉的声音同它说话，它会夹起尾巴表现出不愉快。

如此看来，想要了解一只狗到底想对你"说"些什么，光看它的脸是不够的。我们必须仔细地观察它整个身体的动作，只有这样，才能全面地了解它的感受。

22. 狗的智商怎么样

狗是人类能接触到的几种动物中，最聪明的动物之一。有研究证明，狗的智商仅次于猴子和海豚。但是事实上，在各种不同的狗之间，智商也不尽相同。犬类智商排名，是犬业协会、世界各地驯犬家，及专业警犬驯导员对各犬种进行深入测试后得出的结果。现在让我们看看各种智商的狗都是怎样的吧！

智商排名1～10的狗（包括边境牧羊犬、贵宾犬、蝴蝶犬等），一个新指令只需听到5次，就会了解其含义并轻易记住，主人再次下达命令时，它们遵守的概率高于95％。智商排名11～26的狗（包括比利时特弗伦犬、史其派克犬、苏格兰牧羊犬等），它们稍逊色一些，似乎要学习5～15次才能学会简单指令，它们遵守指令的概率也没有那么高。智商排名27～39的狗，属于中上程度的狗，重复了15次指令后才会有似懂非懂的反应，需要很多额外练习，尤其是在初级阶段。智商排名40～54的狗，是智商与服从中等程度的狗，在学习过程中，会在练习15～20次之后才对任务基本了解，若想得到令人满意的表现，可能需要25～40次的练习，缺乏必要的练习就会忘记曾经学过的动作。要使智商排名55～69的狗完美地执行指令，可能需要40～80次的练习。经过练习后，狗回应第一次指令的概率是30％。因为这些狗做事的时候总是很容易分心，而且非常情绪化，只在觉得高兴时才会执行主人的指令。要让智商排名70～79的狗记住指令，通常要练习上百次，而且学会后必须多加练习，否则它们会忘得像没学过这个动作一样。这种狗在回应指令时，通常行动缓慢或心不甘情不愿。有的甚至得戴上项圈才听话，一脱下项圈就无法无天了。

如此看来，人与人的智商不尽相同，狗也一样。我们一定要根据狗的智商水平来选择适当强度的训练，否则，可能会收不到预想的效果。

23. 狗为什么能被训练

狗渐渐地融入人类的生活，许多狗甚至在人类的生活中担当着必不可少的角色，比如导盲犬和救护犬。无疑这些工作犬都是被驯狗师专门训练过的，其实，我们有时也会训练自己养的宠物狗，当作一种娱乐。无疑狗是很容易被训练的，但是狗为什么比其他动物容易训练呢？

狗之所以可以被训练，这多半和狗的条件反射性很强有关。如果你在它做某个动作时，比如作揖，给它以奖励，每当它做这个动作就会有种愉悦感，因而也就非常乐意做这个动作了。另外，这和狗的智商高是分不开的。狗虽然听不懂人说话，再聪明的狗也不行，但是狗的确很"善解人意"。每只狗都能"读懂"自己主人脸上的表情，知道自己的主人喜欢什么讨厌什么，因而它们总是很乐意去做"讨好"主人的事。狗的记性也很好，如果你给它起了一个名字，望着它唤那个名字，过不了多久，它就知道那个名字是它的，听到那个名字后，它就会欢快地向你跑来。

不过，训练狗是一件十分艰苦的活，需要付出大量的时间和精力，谁也不能指望一只狗稍加训练就能按照主人的盼咐做任何事。在训练狗的时候，人们既要充当命令的发出者，又要充当狗的朋友，这样可以达到事半功倍的效果。

24. 狗是如何感知时间的

人类的时间是连续的，人类甚至能够记忆过去的事，根据现在的情况预测未来的事。动物的头脑不及人类的发达，因而对时间的感知也不如人类那样精确。人类最忠实的朋友——狗是怎样感知时间的呢？

一位著名的动物学家提出了"陷入时间"的概念。什么是"陷入时间"呢？狗和其他动物一样，不能像人类一样将过去的时间和将来的时间联系起来，因为它们并没有记忆和预知未来的能力。正是因为如此，狗的时间是不连续的。既然时间不是连续的，那狗狗是怎样掌握时间的呢？我们都知道几乎所有的狗都不会错过它们的用餐时间，它们一到饭点就准时地跑过去享受食物。除了对吃饭的时间把握得很准之外，它们还能精确无误地预测主人回家的时间，耐心地守在家门口，等待着他们的归来。其实，这并不能说明狗可以像人类一样精确地把握时间，它们是使用"生理振荡器"来判断时间。"生理振荡器"是动物身上的一种日常的体温变化和神经活动，就像"生物钟"。所以，对于狗来说，只要时间一到，它们身体就会产生某种变化。如此看来，狗从来都没有计算过两餐之间的时间间隔，更谈不上计算主人下班的时间了。它们正是每天用这种方式对各种刺激做出相应的反应，来进行正常的生活。

虽然狗的时间概念与人类不同，但是幸好这并没有影响狗狗的日常生活。谁让它们有自己的办法呢！

25. 狗是如何记忆事物的

记忆是人类特有的属性。因为拥有记忆，我们可以学习各种知识；因为拥有记忆，我们不会忘记自己的亲人和朋友。有人可能会说，狗也是有记忆的，因为狗总能记住自己的主人，记清自己的家在哪里。但是，真的是这样吗？

事实上，与人类不同，狗不具有长期记忆的能力。也许有人会觉得这一结论十分荒谬，甚至会直接提出这样的疑问：我们养的狗一觉醒来依旧记得我们不是吗？还有，训练狗难道不是依赖于狗自己的记忆吗？这的确是令人困惑的问题，但是生物学家对这件事进行了解释。狗的确知道如何对"蹲下"的命令做出回应，但是它却不能回忆起它学会这一命令的特定情景。换而言之，它对命令的遵守只是一种"条件反射"。既然狗没有记忆，那它是如何进行正常的日常生活的呢？在这方面，狗自身许多特性帮了它们大忙，这些特性帮助它们"记忆"事物。生物钟可以帮助它们判断主人何时下班，对气味和声音的灵敏可以帮它们一下"认出"自己的主人。

正是这种对气味和声音的细致把握让狗拥有了"记忆"，虽然这种"记忆"显得有点机械化，但是却有一个非常大的好处——它们一旦"记"住了，就永远也不会"忘"。

26.狗是右撇子吗

我们都知道,大多数人喜欢用右手。正是因为用左手的人少,所以我们常常把惯用左手的人叫作"左撇子"。好玩的是,在狗的世界也很少有"左撇子",因为狗总是把自己的精力更多地投到"右"边。

只要稍加注意就会发现,狗和人一样,用起右爪来要比用左爪方便得多。它们比较喜欢用右爪扑食、抓东西或是挠痒。狗之所以如此,正是因为它们觉得右爪比左爪用起来顺当。当然,右爪用得熟练并不是狗族喜欢用右爪的唯一原因。之所以说狗是右撇子,还有一个原因,那就是狗的弱点在右边。为什么这么说呢?举个例子你就知道了。现实中存在这样一种现象,当许多狗遇到危险的时候,总是不由自主地把右边靠近安全的地方,以此来保护自己。更令人惊奇的是,大多数狗对右边具有很强的方向感。它们在迷路的时候,总是会下意识地一直往右走。如果遇到危险,比如说被人或是更大的狗追赶,它们也会选择往右跑,因为它觉得右边是安全的。

人类在马路上行车靠右边,是长久以来的交通规则形成的。但是狗却不同,它们对"右"边如此钟爱,这种天性却是与生俱来的。

27. 狗最害怕什么

每种生物都有自己最害怕的事物，那么狗最害怕什么呢？有人可能要说了，狗非常勇敢，甚至可以跟野兽搏斗，哪有它害怕的东西呢？事实上，再勇敢的狗也有胆小的一面，狗害怕的东西可不是一样，现在让我们一起看看一向勇敢的狗最怕什么吧！

由于听觉异常灵敏，狗对突如其来的较大声音（如闪电雷鸣、飞机轰鸣、鞭炮声等）有一种莫名的恐惧。在遇到这种声音时，它们会夹着尾巴逃到安全的地方，或缩着脖子钻到窄小的地方。这还是好的，如果声音大到一定程度，狗甚至会对食物毫无兴趣，即使你责备它也毫无效果。春节期间是中国人最欢乐的时候，但也是中国人养的狗最"度日如年"的时候。除了声音之外，很多狗还对闪光和火特别害怕，这和狗的视觉十分灵敏有关。当火光在狗的领地内出现时，它会小心地围着吠叫，于是就出现许多狗报火警的故事。如同人类一样，死亡对狗来说也是一件极其恐怖的事。当然，这主要是指同类的死亡。狗死后发出的气味，对活着的狗具有强烈的恐怖刺激，即使平时最亲密的伙伴和后代也不敢靠近。当面对同伴的死亡时，它们往往表现出毛发竖立、步步后退、浑身颤抖的表情。有的还对皮革有恐惧感，可能是皮革上残留有其他动物气味的缘故。

有时狗的恐惧是由它自己无法理解的现象引起的。如一些能发出鸟兽叫声并且会动的玩具，没人时被风吹动的门等，都使狗感到毛骨悚然。

28. 为什么说狗的尾巴最能"传情达意"

人讲话的时候会用到摇头或手势之类的肢体语言，肢体语言可以帮助人们表达自己内心的情绪和想法。你知道吗？狗也会使用肢体语言。狗尾巴的动作就是狗的一种"语言"，相当于人的手势。

狗的尾巴可以表达各种各样的意思，如果你不细心观察的话，肯定发现不了。现在，让我们一起看看狗尾巴到底会"说"什么吧！当狗高兴的时候，就会摇尾巴，不但左右摇摆，还会不断旋转呢！当狗夹起尾巴时，说明它在害怕。当狗迅速地摇动尾巴，是在表达自己的友好，这就好像人们之间的握手。奇妙的是，狗还会"察言观色"，如果用亲切的声音对它说话，它会摇摆尾巴表示高兴；反之，狗会夹起尾巴表现不快。如此看来，狗的尾巴的确能传递很多信息。狗摇尾巴和人微笑是一个意思，这是它冲我们摇尾的主要原因。我相信绝不会有人误解它的意思，这只狗如此热情洋溢，简直令人盛情难却，你又怎么抗拒与它成为朋友的冲动呢？

狗的尾巴如此神奇，怪不得人们会说狗的尾巴最能"传情达意"！知道这些之后，以后再和狗族成员沟通，一定要先从尾巴上入手，了解它们到底在想些什么。了解了它们的内心之后，才能更好地同它们建立朋友关系。

29. 狗有"占地为王"的习惯吗

喜欢看《动物世界》的人都知道，好多动物，比如老虎和狮子，都喜欢占据自己的地盘。其实，"占地为王"是生物中普遍存在的一种现象。狗也有这种习性。

人与狗的友谊已经有一万多年的历史，虽然它们已经渐渐地融入了人类社会，但是作为一种动物，它们依旧保留着许多原始的习惯。每只狗都喜欢自己占有一定范围的地盘，并加以保护，不让其他动物侵入。如果其他的狗有意或无意踏进了它的地盘，一场撕咬就在所难免了。

狗不会建围墙，不会画石灰线，它们是怎样圈定自己的"势力范围"的呢？狗会利用撒尿的方式做记号，并且这是它们最喜欢的一种方式。另外，它还会利用肛门腺分泌物使粪便具有特殊气味，用脚趾间汗腺分泌的汗液和用后肢在地上抓画，作为领地记号。

读到这里，你大概已经知道了，狗在做许多动作时，心里都在想"我的地盘我做主"！这种强烈的"土地所有权"的观念在人类看来或许很可笑，但是却让狗族成员感觉十分安全，很有成就感。

30. 狗喜欢什么样的生活环境

现在有许多人养狗，人在哪儿，狗就跟着住在哪儿。农村还好，狗可以随意到田野或是小路上跑跑，但是在城市，狗不得不住进了楼房，这样一来狗的活动空间就变得十分狭小了。

人都喜欢宽敞明亮的地方，所以很多人认为，狗也一定是这样的。其实，狗并不讨厌狭小的地方，出于一种很奇怪的原因，反倒是比较小的空间更让它们有种安全感。正是因为如此，许多狗不喜欢趴在院子里睡觉，它们喜欢钻进某个墙角或是躲在门后面。如果家里没有院子，住在居民楼上，家中的狗一定喜欢在桌子下面睡觉。这大概是因为桌面的高度正好适合它的安全感标准，会让它觉得很踏实。狗喜欢安静的环境，不喜欢喧闹的地方。另外，一些充斥着奇怪味道的地方它也不喜欢，因为它的鼻子实在是太灵了，太强烈的味道会对它的嗅觉产生很大的刺激，让它觉得不舒服。说了这么多，其实狗最喜欢的地方还是主人的身边——无论你走到哪里，只要让它待在你的身边，它就会觉得十分安全、十分温馨。

现在你知道了，无论在哪儿，只要主人稍微用心，就可以为自己的宠物营造一个舒适的生活环境。

31. 狗在卧下前为何喜欢在周围转一转

过狗的人一定发现了这样一个现象：狗在卧下睡觉之前，总是喜欢在周围转上一圈。这是为什么？难道它是在整理自己的皮毛，以便醒来后不会有失风度？狗可没那么讲究，它们大大咧咧，一向不在乎自己的形象，更别提睡相了！

看到电视里牧羊犬同野兽搏斗的画面，我们会不由自主地认为狗是十分勇敢的。的确，当主人的利益受到损害时，狗准会挺身而出。但是勇敢并不代表莽撞，其实，狗是一种既勇敢又情感细腻的动物。狗的这一特性明显地表现在一个动作上，就是睡前要在住宅周围转一转然后才睡下。它在睡前转一圈，这可是例行公事，这就像警卫在巡逻一样，是万万少不得的。警卫巡逻是为了确保街道和小区的安全，狗转着圈观察四周的情况，主要目的则是看看周围有没有危险。如果你不让它做完这件事，这些情感细腻的小东西肯定会睡不安稳的，只有确定没有危险了，它们才会安安心心地睡去。

狗的这种习性大概是"职业病"，因为看家护院的工作要求它马虎不得。于是久而久之，它就养成了这么个细心检查的习性。只要稍作检查，就可以安安心心地做个好梦，何乐而不为呢？

32. 狗睡觉时为什么喜欢捂鼻子

狗睡觉时真是可爱，它们有的时候缩成一团，有的时候故意露出自己的小肚皮，有的时候则把四只脚全部伸开，占了好大一块地方。狗睡觉的姿势真可谓千姿百态，但是你知道吗？它最喜欢的姿势就是捂着鼻子睡。

狗睡觉的时候，总是喜欢把嘴藏在两只下肢下面，不让鼻子露在外面。这个习惯可真不好，捂着鼻子，那就不好呼吸了，会不会憋（biē）着啊？放心好了，狗可是有分寸的，它的动作是轻轻的，绝不会捂得太紧以至让自己觉得呼吸困难。有人可能要猜测了，狗这么做到底是为什么呢？难道这是在为鼻子保暖？其实狗睡觉时喜欢这么做，不是因为鼻子怕冷，而是因为它的嗅觉实在是太灵敏了！花香、饭菜的气味还有一些莫名其妙的叫不上名来的臭味，都会刺激它的。我们生活的世界上，真是什么气味都有。人类的嗅觉不太灵敏，生活在这种环境中已经慢慢习惯了。但是狗可不一样，它的嗅觉灵敏度是人类的几百万倍，如果不好好保护一下，一定会被什么气味熏到。狗十分了解自己的鼻子，也知道鼻子的重要性，所以才会毫不疏忽地加以保护。

除了保护自己的鼻子之外，狗这么做也保证了鼻子能够时刻警惕四周的情况，以便随时做出反应。

33.狗每天睡多久

睡眠有助于恢复体力,任何动物想要体力充沛(pèi)、精神饱满,都不得不在晚上好好地睡上一觉。我们人类每天至少要睡8个小时,只有睡够了8个小时,人们第二天才有精神学习和工作。狗每天也忙东忙西的,要看家,还要同主人玩耍,它每天要睡多久呢?

由于工作的需要,人入睡和醒来的时间都是有规律的。但是狗和人不同,它没有较固定的睡眠时间。对于狗来说,一天24小时都可以睡,有机会就睡。但比较集中的睡眠时间多在中午前后和凌晨两三点钟。每天的睡眠时间长短不一。婴儿睡眠的时间明显多于成人,小狗的睡眠时间也比较长,一天应该在10~18个小时。当然,小狗和婴儿一样,是在一天中分几个时段来睡的。等成年之后,狗的精力会变得十分好,所以也就不需要那么多睡眠时间了。与处于青壮年的狗相比,年老的狗则需要更多的睡眠时间。因为步入老年之后,狗的身体变得虚弱了,所以老年狗必须多加睡眠以便恢复自己的体力。狗一般处于浅睡状态,稍有动静即可惊醒,但也有沉睡的时候,进入沉睡状态之后,狗就不易被惊醒了。但是即使沉睡,狗对陌生的声音仍然很敏感。

如果狗得不到充足的睡眠,工作能力就明显地下降,失误也增多。同样,睡眠不足,也可以使狗情绪变坏。

34. 狗会做梦吗

夜幕降临，人们躺在床上进入了梦乡，狗卧在自己的小窝里也香甜地睡着了。每个人都会做梦，噩梦让我们虚惊一场，好梦让我们流连忘返。做梦是一件神奇而美妙的事，伴我们入眠的狗会不会做梦呢？

与人相较，狗经常无法睡个安稳觉。为了守家护院，狗在晚上大多处于浅睡状态，一有动静，它就立刻提高警惕。当然，狗并不是一直处于浅睡状态，如果四周十分安静，狗就会进入沉睡状态。一旦进入沉睡状态，它就会将全身舒展开来，样子十分可爱。只有在沉睡状态中，狗才会做梦。如果你细心观察的话，就会发现，沉睡中的狗有时会发出轻声的吠叫和呻吟。这就是狗在做梦的表现，这种吠叫和呻吟就像我们平时在"说梦话"。狗在睡觉时不但会"说梦话"，还会"发癔症"呢！它们时常会做一些诸如抽动四肢、摇摇头、抓抓耳朵之类的动作。更有趣的是，你甚至可以猜测它做的是噩梦还是美梦。如果狗梦到自己喜欢的事物或人，它很可能摆摆尾巴；如果梦到自己的宿敌，那它脖子上的毛可要竖起来了！

原来狗也会做梦，它们到底梦见了什么呢？真想听狗亲自说一说。可惜，狗不会说话，不能告诉我们。我们只好退而求其次，根据它们的动作和神态来判断它们到底做了什么梦了！

35. 狗的语言有何特点

语言是交流的工具，人类可以通过交谈传达信息，动物则通过鸣叫来传达信息。在所有动物中，与人类离得最近的就是狗了。但是人类了解狗的语言吗？

随着生物科学的发展，人们对狗的研究也逐渐深入。动物学家认为，狗的叫声可以分为170种，而且，在这170种声音中，各种叫声的意思也不尽相同。现在人们已经可以翻译出狗叫声的意思。短促而又连续的叫声表示"快来和我玩吧"！表达了它们热切的期待。当一只狗只是"汪"地叫一声，则意味着"我要出去""去散步吧"！或者"给我点东西吃"！狗是人类的好朋友，它们也一直秉承为人类服务的观点，它的叫声也多在这方面发挥作用。举个例子来说吧，在听到陌生人的脚步声，狗就会叫得十分卖力；但是两只狗，即使彼此很熟，如果在路上碰面了，它们也不会吠叫。更有趣的一点是，狗只在自己的势力范围内叫。有人说这是狗胆小的表现，属于"窝里横"，但是我们也可以从另一方面考虑：它们这么做是谦逊的表现，不在别人的地盘上撒野。

吠叫无疑是狗最重要的语言，但却不是全部。狗与人的交流多半是通过自己的"肢体语言"来完成的。摇尾巴表示快乐，夹起尾巴表示恐慌或是羞愧。

36.狗与其他动物能够交流吗

任何生物都不是孤立地生活在自然界中,它们除了自己的同类之外,难免不和别的动物打交道。狗已经成为了人类生活中的一部分,也就很容易和猫、羊、鸡甚至老鼠碰到一起。那么,狗能和其他的动物交流吗?

狗有自己的语言,狗与狗之间交流不是什么问题,有趣的是,狗还能和其他动物进行交流,尽管它们有不同的"语言"。怎样证明这一点呢?如果你的家里既养了狗又养了猫,那就可以通自己的观察来证实这件事了!正是因为这两种小动物能明白对方在说些什么,所以它们才会时不时互相挑衅,偶尔打上一架。更有意思的是,狗虽然会和主人家的猫斗,但是却很有团体观念。狗对与自己生活在一起的动物非常友善,对主人家的猫温柔有加,对别人家的猫凶神恶煞。狗喜欢和人或其他动物一起生活,不喜欢独处。主人家的猫、鸡等其他动物经过一段时间都可以和狗和睦相处并得到狗的保护。狗不但保护它们,有时候还会和它们做游戏呢!

37. 狗睡觉后还能听到声音吗

深更半夜，所有的人都进入了梦乡，四周一片寂静。在这一片寂静中，你唯一能听到的声音大概就是狗吠了。许多人因为总是在夜里听到狗的叫声，所以就想当然地认为那是因为有个别的狗在夜里"失眠"了，所以才发出叫声。其实，那些叫声不是"失眠"的狗发出的。

天黑以后，除了猫和蝙蝠之类的夜行动物外，其他的小动物一般都会进入梦乡。狗在晚上也要睡觉，那么，这么多的狗叫是怎么回事呢？这就要怪狗的听觉太灵敏了！因为听觉太灵敏，所以即使在睡梦中它们也能听得到声音。长期以来，狗都担当着看家的责任，因此它们一听到动静，就会发出一阵阵叫声。这种叫声就像"警报"，告诉人们有"陌生"人经过了，要多加小心！有的时候，狗在晚上会睡得很熟，睡熟之后它们听到陌生人的声音还是会惊醒，并发出警报声。狗睡着以后能听到声音，除了听觉灵敏之外，还有另外一个小妙招。它们睡觉的时候喜欢趴在地上，把一只耳朵紧贴着地面，这样一来，再小的动静它们也能感觉得到。

先天的本领，再加上后天的细心，才使狗成为一个机灵的"报警器"。狗时时刻刻地守护着自己主人的家园，即使在夜晚也丝毫不放松警惕，难怪人们会如此喜欢自己家养的狗。狗为了维护家园的安宁连自己休息的时间也牺牲了。

38. 狗见到陌生人为何要吠叫

吠叫是狗的一种天性，能够表达各种不同的意思。但是，狗叫得最多的时候就是遇到陌生人的时候。几乎每只狗见到陌生人都会叫上一阵子，这到底是什么缘故呢？

不可否认的是，并非所有陌生人都会对狗造成威胁，有些人甚至害怕狗而躲得远远的，但是狗见了他们还是会大声吠叫。狗见到陌生人之后吠叫的原因不止一个，其中一个原因是引起别人的注意。狗是一种团体观念很强的动物，它跻身于人类社会，便希望受到人类的重视。遇到陌生人之后，狗这么"汪汪"一叫，陌生人就知道狗的存在了，这就相当于咱们冲着陌生人打个招呼，这个世界上的确很少有喜欢被人忽视的狗。狗见到陌生人会大叫的另一原因就显得不太友好了。狗在见到陌生人之后，很可能会害怕受到欺负，所以用吠叫的方式来恐吓对方。狗对自己生存的环境十分熟悉，主人走路的声音、身上的气味它都了然于心。不可否认的是，狗的确是一种十分胆小的动物。一遇到陌生人，听到不同的脚步声，闻到不同的味道，狗就会不由得提高警惕，有一种紧张感，所以就免不了叫两声了。

狗的确有许多奇怪的习惯，其实很多时候你只要多留意一下，就会发现看似自然而然的情况之下是有许多原因的。

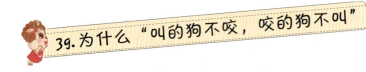

39. 为什么"叫的狗不咬，咬的狗不叫"

"叫的狗不咬，咬的狗不叫"，这是一句中国俗语现在让我们看看这句俗语到底有什么根据吧！

其实，狗吠叫并不必然代表它真的很"凶"，这顶多会使它看起来比较凶罢了。这样说可不是毫无根据的猜测，事实上，有些狗冲着陌生人大叫，很可能正是因为它对陌生人感到害怕。虽然害怕，狗却不愿被人看穿，所以就大叫起来，使自己看起来十分厉害。另一种狗就不同了，它一看到什么可疑目标，便一副蓄势待发的样子，绝不会张口叫一声。因为吠叫会使它分散注意力，不能使自己的攻击又准又狠。当然也有一种狗，可能会先叫上一阵子，但是如果它突然不叫了，而是恶狠狠地盯着你，那你可要小心了，因为这是它想咬人的表现。

知道这些之后,遇到吠叫的狗（哪怕它叫得再凶）就不必害怕了。真正值得我们提防的是那些看似一动不动却暗藏杀机的狗。

40. 为什么圈养的狗会很凶

一般而言，人们喜欢把性格凶猛的狗圈起来养，这大概是不想让狗伤人吧。但是，真正了解狗的人都知道，即使性格温顺的小狗，如果长期圈养，不让它跟外界接触，它也会变得十分凶狠。越是凶越是要圈养，越是圈养就越凶，这可真是个恶性循环。圈养的狗究竟为何会那么凶呢？

如果一条狗从小就经常和陌生人接触，经常到陌生的地方去，对狗来说陌生人就不陌生了，于是它就会对陌生人很友好。相反如果从小就被主人困在家里，极少接触陌生人，狗对陌生人就会十分警惕并且非常敌视，见了别的狗就会表现得十分凶。了解狗的习性的人都不主张圈养狗。试想，如果把一个人成天关在一个屋子里，不准出门，那他的脾气一定会变得十分暴躁。狗也是一样，把它封闭在一个小环境里，在脖子上套个圈，再拴条链子，不能在外面奔跑，吃喝拉撒都在那巴掌大的一块地方，这和人类坐牢有什么区别？经历过这样的遭遇，狗的性情会发生很大的变化，变得十分凶残。

既然决定要养狗，我们就应该设身处地地为狗着想，最好不要圈养它。如果不得不这么做，也要经常抽时间陪它出来遛一遛，不要在它的心灵上造成太大的阴影。只要狗知道自己被主人关爱着，它的心理就会朝阳光健康的方向发展，也就不会变得凶巴巴的了。有人说：只有将自己的脚放入他人的鞋子里，用他人的眼光看世界就会有不一样的结果。这句话真是对极了。

41. 狗的消化系统怎么样

大家都知道,狗吃起东西来总是"狼吞虎咽"。这种吃法让大家容易为它们担心,但是令人惊叹的是,它们这么吃下东西后竟然一点儿也没事。想必狗一定拥有十分发达的消化系统,那么狗的消化系统到底是怎样的呢?

与人相较,狗的唾液腺要发达得多。在吃东西的时候,狗会分泌大量的唾液,这些唾液不但能湿润食物,利于吞咽消化,还含有大量的溶菌酶,能起到杀菌、消毒的作用。除了唾液腺发达之外,狗的胃腺也很发达。因为在狗的整个胃壁上都有胃腺分布,胃腺能分泌盐酸和胃蛋白酶。盐酸是一种强酸,具有很强的腐蚀作用,能将吃到胃里的肉、骨头等食物加工成糊状。食物加工成糊状之后,就易于消化了,给胃减少了很大的一笔负担。当食物进入肠道后,在各种酶的作用下营养物质就被充分分解、吸收,其余不能被机体利用的物质迅速后送,形成粪便排出体外。这样一来,发达的唾液腺和胃腺分工负责,轻而易举就完成了消化食物的工作。

值得一提的是,虽然狗的消化系统十分发达,排便中枢却不够发达。因而,狗不能像羊或牛等动物一样在走路的时候排便,它们在排便时总是蹲下,而且需要一定的时间。

42. 狗爱吃什么东西

一般而言，狗是杂食性动物，它们不挑食，什么都吃。但是就像每个人都有自己爱吃的东西一样，狗也有自己爱吃和不爱吃的东西。狗最爱吃哪种食物呢？

现在，人们的生活水平提高了，狗族成员也沾了经济发展的光，过上了好生活。狗不但吃得饱，还吃得好了。人们还为狗生产了专门的狗粮，许多狗都是吃狗粮长大的。那么，光吃狗粮能保证狗生长的需要吗？狗粮里都包含了哪些原料呢？一般而言，狗粮的原料包括玉米粉、豆粉、鱼粉、肉粉和盐等。

淀粉类和肉类是狗最喜欢的食物。民间有这么一句歇后语：肉包子打狗——有去无回。其字面意思也说明了淀粉类和肉类对狗的吸引力。狗也很喜欢吃鱼，而且，它吃起鱼来十分专业，绝不会被鱼刺卡到。还有一些其他的东西（比如老鼠或是小鸟），如果有机会，狗也会大快朵颐（yí）的。

但是相较而言，狗最爱的还是肉。所以，网友才编出这么一个顺口溜："猫吃鱼，狗吃肉，奥特曼打小怪兽！"

43. 狗饿极了吃草吗

虽然狗是杂食性动物，但是总体而言，狗是比较偏好于食肉的。虽然偏好肉食，但是狗也比较喜欢面食，甚至还有一些狗会吃些蔬菜。有人还见过狗像牛羊那样吃草呢！我们都知道，狗不是食草动物，那么它为什么要吃草呢？是因为太饿了找不到东西吗？

那么，狗为什么会吃草呢？狗的肠胃结构十分特殊，这就是狗吃草的重要原因。狗的肠胃系统和人类完全不同。人类的胃不大，但是肠子却很长，曲曲折折地排在肚子里。狗就不同了，它的胃很大，约占腹腔的2/3，然而肠子却很短，只占了腹腔的1/3。正是因为这一点，狗基本上是用胃来消化食物和吸收营养的。由于肠子的辅助作用太小，狗的消化系统就显得不健全了。这就造成了这样一种结果：肉类食物对狗来说十分容易消化，树叶和草等含有大量纤维素的食物就不容易消化了。既然草对狗来说很难消化，那它为什么还要吃草呢？狗吃草并不是为了获得营养，它有时会吃草，但是吃得很少，而且偶尔还会吐掉，它这么做是为了清洗自己的胃。

用青草来清洗胃，这个办法既环保又健康，的确是个好主意。以后再见到吃草的狗，你就知道是怎么回事了，它不是饿得慌，也不是疯了，只是在"洗胃"。

44. 为什么"狗改不了吃屎"

中国有句古语"狗改不了吃屎",这句话的意思是说一个人习性难改。如此看来,狗一定有吃屎的习惯了?这件事对于养狗的人来说会觉得十分讨厌,但是狗的确有这么个习惯。那么,狗为什么要吃屎呢?

狗喜欢吃粪便,甚至会吃狗类自己的排泄物。还有一些狗偏爱吃马的排泄物,甚至猫的排泄物。老人一般认为,这是由于饮食不好的缘故,因为吃不饱,所以狗就放下"自尊心",开始吃排泄物了。现在,这种说法被全盘否定了。最新的研究结果表明:这很可能是狗胰脏中酵素缺乏造成的,而且这种行为也被认作是"清洁工行为"。狗的这种习性还和狗的一些其他习惯有关,比如,母狗经常舔小狗的屁股,以此教它们学会大小便。在舔的过程中,母亲就吃掉了小狗的排泄物。在原始犬中这种行为还有两个目的:一是使兽穴区域保持干净;二是除去吸引掠夺者的味道。小狗会学习母亲的这种行为,而且这将刺激它们吃自己的排泄物。那成年狗为什么吃排泄物?研究者认为一些狗会学习来自其他狗的这一行为。

值得一提的是,对于一些狗来说,吃屎可能不是基于习性而是故意为之。比如,对于一些患有焦虑症的狗,吃排泄物也可能是寻求注意的行为。养狗的人都讨厌狗的这种行为,但是,如果你耐心教导,还是可以帮它纠正的。

45. 狗为什么喜欢啃骨头

在许多漫画里，我们一见到狗就准会见到骨头。漫画师之所以这么画，是因为他们了解狗的确喜欢啃骨头。对狗来说，一根骨头就像人类小孩手中的零食和糖果一样，对它有诱惑力，闲下来的时候总想啃一啃。狗为什么那么喜欢啃骨头呢？

我们已经知道，狗是很爱吃肉的。但是，即使是在现在这种物质生活极大丰富的时代，家里养条狗每天吃肉也会花去很大一笔开销。所以，在狗的世界里，吃肉毕竟是极为奢侈的，于是骨头成了肉的替代品。古代的狗和古代的人一样，生活条件很不好，主人都很难吃上肉，作为一条狗，能吃上一根骨头就已经很满足了。因为一根骨头可以吃很久，所以人们就更乐意用骨头来安慰嘴馋的狗。就是这样，狗的祖祖辈辈相传，养成了喜欢啃骨头这么个习惯。另外，科学研究表明，爱啃骨头还和狗的生理需求有关。在幼犬长牙的时候，牙齿会很痒，于是它就用啃骨头来缓解自己的不舒服。长出牙之后，狗依旧喜欢没事抱着一根骨头啃，这还是在为牙齿着想。多啃一些坚硬的东西，能够把牙齿磨得很锋利，锋利的牙齿对狗来说可是"英俊"的象征哦！

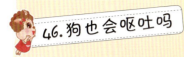

46.狗也会呕吐吗

人如果吃了不卫生的东西，或者胃里不舒服，就会出现呕吐的症状。其实，我们的好朋友——狗，它也经常把吃进肚里的东西再吐出来，这是狗在呕吐吗？

人会呕吐，狗也会。但是，狗呕吐是由什么原因造成的呢？人们常说，病从口入，如果狗呕吐，那也是吃了不好的东西。如果狗吃东西吃得太快，吃了腐坏的食物，或者一次吃得太多，都很可能就会出现呕吐的状况。但是，这种呕吐其实是一种"自救"行为，属于肠胃的自我保护功能。通过呕吐把消化不了的或是有毒的东西清除掉，这样才不至于对胃造成太大的损害。

有意思的是，有的时候狗还会故意"呕吐"，它吃一些青草，然后再呕吐出来。草丝又柔又软，而且对于肉食动物来说很难消化。吃过草丝再呕吐出来，就相当于对胃做了一次细致的清洗。另外，母犬在受孕3～4周后会出现呕吐、食欲不振等妊娠反应。这个时候，应该注意母犬饮食的营养。

所以，如果看到狗在呕吐，千万不要一门心思地送它进医院，而是要细心观察，看看这种呕吐是什么原因造成的。因为，很多时候，狗只要吐完了，也就没事了。

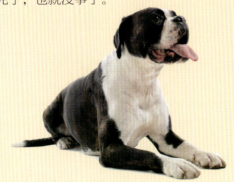

47. 狗为什么喜欢"拿耗子"

中国有句古话,"狗拿耗子,多管闲事"。这句话很容易理解,因为捉老鼠是猫的事,作为一只狗,只要看好家就行了,干吗要去管猫的事呢?但是,这句话恰恰说明了狗的一种本性。到底是什么本性让狗做出"拿耗子"这种事呢?

狗是由狼进化而来的。狼生活在野生的环境中,要想存活就要依靠自己的力量进行捕食。虽然经过了上万年的进化,狗已经不必再像狼一样捕食了,但是,它的血液里还是残留着捕猎的激情,这种激情是无法彻底消除的。随着狗的生活日益社会化,狗见到野生动物的机会也越来越少了。狗捉老鼠只是出于对"捕食"的怀念。这就好比现代的都市人要在网络的QQ农场种菜一样,虽然网络上的农场是虚拟的,但是仍然可以反映人们对田园生活的怀念。同样的道理,虽然捉老鼠是一种小"消遣",却满足了狗对原始生活的向往。

由此看来,狗拿耗子,根本就不是在多管闲事!它拿耗子完全是出于自娱自乐。

48.公狗撒尿时为何跷起一条腿

看过《济公》的人或许会有这样一种见解：狗之所以在撒尿时要跷起一条腿，是因为那条腿是济公用泥巴给它做的。这个故事虽然很有道德说教的作用，但是这真的有科学依据吗？

其实，如果你留意的话，就会发现并不是所有的狗在撒尿时都跷起一条腿，只有公狗这么做，母狗在撒尿时都是蹲坐下来的。公狗之所以要站着撒尿，是因为它的生殖器和母狗不同，站着撒尿不会把自己的毛弄湿。狗也是相当爱清洁的，在站着撒尿时跷起一条腿，可以保护尿不被风吹散，刮到腿上，这样就保持了后腿的清洁。相信没有哪条狗会喜欢撒个尿弄得自己一身湿漉漉的，那简直太丢人了。

除此之外，公狗在撒尿时跷起一条腿，还可以向别的狗显示自己的性别。对于狗族成员来说，这是一种十分有魅力的动作，不但可以向别的公狗示威，还可以顺便吸引许多母狗的注意。公狗这样做还有一个好处，那就是它同时可以向别的狗示意——"这是我的地盘"，于是其他的狗就不会"在太岁头上动土"了。如果有狗故意来犯，那么这只公狗就会毫不客气地接受它的挑战，直到分出个胜负。

总之，公狗在撒尿时跷起一条腿就是一种习惯，虽然这其中有许多原因，但是，狗在撒尿时大概也不会考虑这么多吧！

人的一生要经历生老病死，一只狗虽然只有十几年的生命，却也像人类一样经历了生命的各个阶段。它出生，它成长，它换牙，它长大。它也会恋爱，会为"狗"父母，会经历生活环境的变迁，会生病，会死亡……

　　狗在自己生命的各个阶段有不同的表现，它们会用自己特有的方式表达自己的需要。狗也有需要关爱的时候，也有叛逆的时候，在狗步入老年之后，也需要人类的关怀。我们一定要根据狗的年龄和生活阶段采取相应的措施，以防它做出一些让我们始料未及的事，同时也让它们过上自己觉得称心如意的生活，度过一个安详而温馨的晚年……现在，让我们一起走进狗的世界，看看另一种形式的生命吧！

第三章 狗的一生

49. 狗一胎能生几只小狗

人类生双胞胎或多胞胎的概率非常之小，但是大自然中的许多小动物，总是能生出多胞胎，它们都是十足的"英雄妈妈"！狗妈妈也是数一数二的英雄妈妈，你知道狗一胎能生多少只小狗呢？

一般而言，狗一胎生1~18只都是有可能的。但是狗的品种不同，一胎生的小狗的数量也会有很大差别。我们熟悉的小型犬，比如吉娃娃和有"松鼠犬"之称的博美犬，一胎生3~5只已经算不错了。原因很好理解，因为这种狗体型很小，肚子里根本装不下太多狗宝宝。中型犬，比如贵宾和喜乐蒂，它们一胎可以生5~6只小狗，这已经要比小型犬多出一倍了。最了不起的是大型犬，它们一胎一般能生8~12只。大白熊犬、萨摩耶犬和藏獒都是体型较大的狗，它们身材健硕，子宫的空间很大，受孕的时候能够容纳多个胚胎，自然，生的狗仔也较多了。

不过，以上所说都是一般情况，一只狗一胎能生几只小狗，还要根据每只狗的具体情况而定。身体好的狗妈妈可能生得多一些，身体不好的，可能就没这么多产了。但是有一点是肯定的，一胎生的小狗越少，小狗就长得越好。因为狗仔少了，母狗的奶水就相对充足，狗仔生下之后，能够吃得饱饱的，自然而然就长得肥嘟嘟的了。

50. 分娩后狗妈妈为何不吃东西

好多人都认为，分娩后，正是狗妈妈身体最虚弱的时候，应该赶快多给它吃些东西，补充补充营养，尽快恢复体力。但是，分娩过后，狗妈妈却往往一点儿胃口都没有，你给它再美味的食物它也懒得看一眼。这可真奇怪，难道是狗妈妈生病了吗？

其实，这并不是说狗妈妈生病了，或者产后身体太虚弱。虽然狗妈妈刚刚分娩过，但是它却是十分顽强的，它不吃东西不是因为身体虚弱，只是因为吃得太饱了而已！看到这里，有人可能要发问了，狗妈妈什么也没吃，怎么就饱了呢？这的确是个好问题，现在就让我们一起来揭开谜底吧！其实，在分娩的过程中，狗妈妈一直在吃东西。当然，它吃的不是狗粮或其他食物，而是吃裹在狗幼仔身上的胎盘。在分娩的过程中，狗妈妈一直在舔每只刚降生的小狗，这是为了将胎盘和羊水吃进肚里去，让小狗从胎盘和羊水中出来。完成这项工作之后，刚出生的小狗仔变得干干净净，狗妈妈也吃得饱饱的了。

你可知道，胎盘和羊水都是营养价值十分丰富的东西，它们可以帮产后的狗妈妈尽快恢复体力，可以说是上等的"补品"。吃了这些东西之后，狗妈妈又怎么会觉得饿呢？

51. "坐月子"时狗妈妈为什么特别凶

"坐月子",指的是孕妇在生产过后,疗养一个月。"坐月子"是中国女人的传统,进入现代社会后,虽然人们"坐月子"的方式有了改变,但是仍然很重视这一个月内的疗养。现在,我们要说说"坐月子"时的狗妈妈是什么样的。

有人说,狗妈妈生了小狗之后就一下子进入"更年期"了!因为自从生了小狗,狗妈妈的脾气发生了很大的变化,变得十分焦躁,只要有陌生人靠近,它就发了疯似的一直叫。其实,这种状况在一个月后就会消失了。那么"坐月子"时狗妈妈为何这么凶呢?

在这个世界上,各种生物都有自己的生活习性,但是,唯一不变的是动物界普遍存在的母性,这就导致雌性动物有"护窝"的本能。每个母亲都爱自己的孩子,刚生下小狗的狗妈妈也是如此。它担心自己的孩子遭受危险,于是变得十分敏感,时时刻刻都紧张兮兮的。一有人靠近它就大声吠叫,甚至会追着路过自己家门的陌生人跑很远,直到他不会再对自己产生威胁为止。

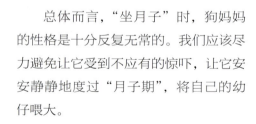

总体而言,"坐月子"时,狗妈妈的性格是十分反复无常的。我们应该尽力避免让它受到不应有的惊吓,让它安安静静地度过"月子期",将自己的幼仔喂大。

52. 小狗出生后就能看到东西吗

刚 出生的小狗，浑身没毛，眼睛是没有睁开的，但是虽然没有睁开眼睛，小狗仔却已经不安分了，成天爬来爬去。它的行动如此敏捷，让人不由得心生疑问：小狗一出生就能看到东西吗？

其实，狗仔在出生一个星期之后才能睁开眼睛。在此之前，它一直都闭着眼，当然什么也看不到。但是，即使睁开眼睛之后，也不代表狗仔就能像大狗一样清清楚楚地看到这个世界。因为，这时它的眼睛发育还不完全，视力十分模糊，需要经过一段适应期才能渐渐地达到大狗那样的视力。这段时间不用太长，一般而言，等到满月之后，幼仔就能像大狗一样清楚地看到周围的一切了。

但是，在此之前，幼仔就可以走路和爬行了。它们是怎么做到这一点的呢？其实，在满月之前，小狗走路大多是靠感觉和嗅觉，而不是靠视力。这就是它们走起路来摇摇晃晃、跌跌撞撞的原因。但是一个月过后，它们就看得见了，如果你在它眼前移动手指，它就会跟着你的手指转动脑袋。这代表小狗真的可以看到东西了。

但是每只狗睁眼的时间都不同，有早于7天的，也有10天之后才睁开眼睛的，不过，如果它眼睛睁开得太晚，就要人们帮它轻轻拨开眼皮。

53. 狗宝宝多大后可以独立生活

独立是生命中的一个阶段，作为自然生物，当一粒种子离开植物妈妈的怀抱，它就能够独立了；当鸟儿能够飞向天空，它就独立了。作为社会生物，人的独立要显得晚一些，等有了工作能力后一个人才可以独立生活。可以说狗是介于自然生物和社会生物之间的一种动物，它们在多大之后可以独立生活呢？

小狗在满月之前一直都处于"幼儿"阶段，但是这个幼儿阶段十分短暂，只要跨过这一个月，它就是一只"成年"狗了。其实，狗幼仔独立的时候可能比这还要早。在大概 20 天，狗宝宝就可以吃一点易消化的食物了，不再依赖"母乳"也能维持生存。如果狗妈妈没奶或奶少，吃不饱的狗仔就可以自己找吃的果腹了，这就好像我们人类，人们不是常说"穷人的孩

子早当家"吗？狗宝宝刚开始吃东西的时候，吃得很少，但是过不了多久，它的食量就会变大。当狗宝宝真正地学会吃东西的时候，它就完全可以独立生存，不再完全依赖狗妈妈了。这个时候，狗宝宝大概也就是40天那么大。

　　和人相较，狗宝宝快乐的童年真是短暂啊！但是，它们满月后就可以走上自己的生命旅程，像人类的幼儿一样焦急地等待成年的到来。它可以拥有新的主人、新的朋友，得到人类或其同类的友谊和关爱，这也是一件好事！

54. 到陌生环境后狗为何会在夜晚呻吟

过狗的人都知道，狗刚到自己家的头一晚是最难熬的，因为它肯定会在晚上"呜呜"地叫个不停，闹得一家人都休息不好。不过，如果你走到它身边，拍拍它，它又不叫了。这是为什么呢？

其实，狗也像小孩子一样，会感到寂寞孤单，尤其是当它刚到一个陌生的新环境的时候。来到一个陌生的地方，一切都不熟悉。环境是新的，它面对的人也是生面孔，难免会产生不安全感。这个时候，它最需要的就是有个人在自己身边，给它一种安全感。狗是一种很友好的动物，喜欢待在自己的主人身边。虽然对于自己的新主人它还不是太熟悉，但是如果你让它感受到你的友好，尤其是让它和你一起睡，它一定会感受到你的关怀，不再那么害怕了。如果嫌狗脏的话，你还可以把它放在床边，用一只手来回地抚摸它，这样一来，它很快就会睡着了。睡了一觉后，第二天要带它多熟悉熟悉环境，这样一到晚上狗就不那么害怕了。

狗也是一种恋旧的动物，它喜欢自己一直待的地方，闻着自己的气味，对它来说是一种无比的安全感。但是，当它对新环境不再陌生之后，就会毫不客气地将自己的印迹弄得到处都是，这表明它已经接受并爱上这里了。

55. 小狗为何不敢在外面小便

如果你家里有只小狗，一定发现了一件十分令人讨厌的事，那就是小狗总是在屋里小便。这的确很麻烦，如果小狗出去撒尿的话，主人会省很多事，可是，小狗大多不敢在外面撒尿。小狗宁肯被主人打也不到外面小便，这是为什么呢？

"我的地盘我做主，我的地盘听我的"，周杰伦的这句歌词听起来似乎有点傲慢，不过，这真的是一句非常正确的话。在人类社会中是如此，在动物世界中也一样，每个动物都有属于自己的地盘，它绝对不喜欢别的动物侵犯自己的地盘。在狗的世界里，也是有"势力范围"的，狗划分自己"势力范围"的方法是做"记号"。气味就是它的记号。成年狗会在自己的地盘上撒尿，留下自己的气味，这就好像在警告别人："兄弟，这地盘是我的，如果不想惹毛我的话，还是走开为好。"小狗之所以不敢在外面撒尿，是因为它怕冒犯了哪只大狗，被狠揍一顿。

知道这些之后，作为主人，我们就不能总是一味地把小狗赶出去小便，而是要想办法帮它物色一个"干净"的地方，一个没有记号的地方。这样，它就不会再怕冒犯哪个"长辈"了，而且还在这里留下了自己的记号，别的狗也不会来侵犯它的地盘了。

56. 狗也有"叛逆期"吗

孩子在长大成人的过程中要经历一个叛逆期,这个叛逆期一般发生在从儿童到少年的过渡过程中。处于叛逆期的孩子会有一种莫名其妙的反叛心理,会故意反抗既定的社会观念。作为人类的朋友,狗也有叛逆期吗?

其实,狗也是有叛逆期的,动物学家称之为"反群期"或者"发情期"。这个时候,狗的情绪波动较大,而且还会故意做一些事惹人生气。拿撒尿来说吧,它可能会到处乱尿尿,甚至一边走一边尿,故意尿得满屋子都是,有时候还眼睛看着主人二话不说就开始尿了。明摆着,这是在故意惹主人生气。还有的狗会咬各种东西,沙发脚、拖鞋,反正能看到的东西它一样也不放过。如果狗出现这种情况,肯定就是进入叛逆期了。狗之所以会叛逆,绝大多数是由于发情造成的。如果找不到合适的交配对象,主人就要想办法安抚狗狗的情绪,要好好照顾它,为它准备一些它喜欢的食物,经常抱抱它跟它说说话,或者夸夸它,这都是很好的办法。

但是千万不要强迫它去做它不愿意做的事,这样更容易引起它的逆反心理,甚至会咬人。我们应该顺着狗的意思,尽量满足它的心愿,只要陪它一起度过这一时期,狗狗就会恢复正常了。

57. 幼犬何时步入"成年"

人在18岁左右会步入成年，这个时候人的身体和心理都会发生很大的变化。狗也和人一样，长大到一定程度就会步入成年，狗是在何时步入成年的呢？

说起狗何时步入成年，决不可以一概而论，狗和人不一样，狗的成熟时间和体形大小有关系。狗的成熟时间和体形大小成正比，如此看来，狗的体形越大，它成熟的时间就越是长，与之相较，体形小的狗反倒成熟得快。正是因为如此，有的小型公狗7个月就已经步入了成年期，身体的各个器官都走向成熟，可以配狗了。大型狗成熟时间比较慢，像德国牧羊犬一类的大型狗，要到2岁以上才算进入成年期。大型狗要到2岁之后才能配狗。

但是总体而言，8个月后，狗的个头就不再长了。当狗长到12个月大时，狗身体的各个器官已经发育成熟，算是进入成年期了。成年后，狗的身体状况完全发育成熟，之后都会大概保持这么个状况，不会再长高长大了。

虽然狗的生命没有人长久，但是狗却是一种很幸运的动物，因为与幼年和老年期相较，它们的成年期占了生命的绝大多数。然而，一种生物只有在成年期，才能拥有最旺盛的生命力，尽情地享受生命。

58. 狗想"谈恋爱"时有何表现

随着年龄的增长，人渐渐地长大了。人成年之后，就会开始被异性吸引，想要谈恋爱，这是生物界的普遍规律。不但人是如此，狗也一样。现在让我们看看狗想恋爱时会有什么表现吧！

狗进入成年后，身体的各个器官开始发育成熟，身材也长成了型。这就表示这只狗已经进入发情期了。人如果思慕自己的爱人，就会害"相思病"，相思病的典型表现就是食之无味、坐立不安。狗进入发情期后也会害相思病，这一时期，狗的活动范围会变大、坐立不安、情绪不稳定。这些都不难理解，但是进入发情期后狗还有一个奇怪的表现：那就是大量喝水、到处一点一滴小便，留下气味。到底是什么使它这么做呢？其实，这是狗在向外界发出信号，留下自己的气味，让别的狗知道自己的存在。

母狗一年有2～3次发情期，这之前的一个星期母狗的阴部会有轻微的出血现象。但公狗却没有固定的发情期，很多人以为公狗在夜晚对远方嚎叫，是因为处在发情期的缘故，其实是因为闻到母狗荷尔蒙的味道，而无法前去一亲芳泽之故。

如果你家里有狗的话，一定要细心观察它的表现，你还可以带着自己的狗去"相亲"，为它找一个称心如意的"心上人"。

59. 狗如何挑选自己的恋爱对象

人在谈恋爱的时候，都有自己的标准，一般而言，长相漂亮的人容易赢得异性的青睐。狗在挑选对象的时候，也有属于它们自己的一套标准，让我们一起来看看狗是如何挑选自己的恋爱对象的吧！

其实，狗在挑选恋人的时候，也很在乎对方的长相。当然，这里所说的长相，和人类对长相的认识是不同的。狗不会看对方的眼睛是大是小，但会很在乎对方的皮毛是否光滑亮丽，漂亮的皮毛表明对方的身体十分健康，也十分性感。除了看长相之外，狗的鼻子非常灵，它们也会借助自己的鼻子挑选最令自己心醉的另一半。狗喜欢那种浑身散发着健康气息的异性。说来说去，还是一个标准：健康！狗为何如此看重健康这一点呢？健康本身是一种美这一点不说，选择健康的伴侣也有优生学方面的考虑。如果狗爸狗妈身体都很健康，生出的狗宝宝当然也就健康了！由此看来，狗在挑选恋爱对象时，也是十分理智的。

有好多人认为，狗在挑选对象时会考虑"品种"问题。其实，很多狗并没有这种"阶级观念"，在它们看来喜欢就好，所谓"品种"只是人类想要获得纯种狗仔的借口，如果硬是因为两只狗不属同一品种而拆散它们，那绝对是棒打鸳鸯的表现。

60. 狗步入老年后有何征兆

人老了之后，脸上会布满皱纹，而且还会出现耳聋眼花、行动迟缓的现象。狗老了之后，也有一系列征兆，这是由动物的生理规律决定的。现在我们来说说狗进入年老阶段后会出现的几大征兆。

狗在十多岁的时候会步入老年，一旦步入老年期，狗身体的各个部分就会发生巨大的变化。最先产生变化的就是它的体重，这是因为狗上了年纪活动量就减少了，如果还照年轻时吃那么多东西，自然会变胖的。与此同时，狗的听力、视力也会有所改变。狗在年轻的时候听力很灵敏，视力也十分良好，但是一旦年老，也会出现像人类那样"耳聋眼花"的现象。人老了会长皱纹，在这一方面狗倒是占了优势，狗不会长皱纹，但是它的皮肤与毛发却会发生相应的改变。随着年龄的增长，狗身上的毛发会渐渐地失去弹性和光泽。人老之后牙齿会脱落，狗也会出现牙齿和口腔的问题，最典型的特征是出现口臭的现象。但是狗的牙齿却不像老人的牙齿那样掉得那么厉害。

以上这些就是狗步入老年之后的征兆了。如果狗有以上表现，说明它已经进入老年期了，这个时候，我们给狗的食物还有给狗安排的活动都应该有相应的变化，只有这样，才能让它的身体处于一种协调的状态。

61.狗在什么时候会变得"离群索居"

"离群索居"这个词往往用来形容一个人不合群，喜欢独处。其实，狗也有离群索居的时候，这时，它会远远地躲开自己的主人和其他的狗，静静地待在某个角落里，任时光渐渐流逝。狗在什么时候会出现"离群索居"的情况呢？

有人或许会说，一定是在狗年老的时候会"离群索居"，因为人也是在年老后才会产生这种想法的。其实和人不同，狗在年老的时候不怎么喜欢"离群索居"，倒是在生病的时候会有这种念头。狗一旦感到自己的身体无力、状况不好，就会本能地避开人类或者其他狗，躲在阴暗处。狗这么做有两种目的，一是静静地躲起来等待康复，二是如果不能康复就让自己慢慢死亡。狗的这种行为其实是动物的一种"返祖现象"。我们都知道，狗是由狼进化而来的，如此看来狗的祖先是过群居生活的。生物界中，群居的野兽有一种习惯，那就是杀死弱病者，以免它连累整个群体。狗群中如果有生病或受伤的，别的狗会杀死它，以免自己受到连累或伤员掉队后受罪，这有点像人类的"安乐死"。久而久之，狗养成了这种本能，一旦感到身体不舒服，就躲起来。

明白这些之后，狗主人或饲养员一定要注意了，如果发现自己的狗有了"离群索居"的倾向，应该及时请兽医诊治，让它快快恢复健康。

狗是这个世界上最忠诚的动物，狗一旦成了人的朋友，便会将自己的一生都奉献给人。它们帮着守家护院，警报危险，即使自己的主人再怎么贫穷它们也不离不弃。

　　狗真是一种忠诚的动物，正是因为它们的忠诚，狗与人类越走越近，在人类社会的多种行业中发挥作用。现在它们已经成为人类家庭中的一员。

第四章 狗与人

62. 人在狗的哪一时期最容易与狗建立友谊

狗与人的命运不同，几乎每条狗都要经历被送养的阶段。正是因为如此，要想在家庭中接纳一只狗，使它成为自己的宠物，你必须要重新与它建立友谊。人要与狗建立友谊决不是一件容易的事，人在狗的哪一时期最容易与狗建立友谊呢？

养过狗的人都知道，收养一条狗就像收养一个孩子差不多。收养孩子决不能等孩子长得太大。这一点很好理解，人长得太大了，就会对新的环境产生抵触的心理。如果在孩子还小的时候就将他收养过来，当作自己的孩子抚养，孩子才不会对自己的养父母产生排斥。这一方面是因为孩子小时记忆力还不强，另一方面是孩子在小的时候更容易接受别人的关爱。要想与狗培养友谊，最好的时候就是它刚满月，可以独立生活的时候。这个时候，狗刚踏入社会，对一切都感到陌生和好奇。你走进它的生活，它便会把注意力投放在你身上，不停地观察你，你对它好，它当然会深深地记在心里。

刚满月的狗是十分单纯的，在这一时期，也最容易与之建立友谊。在与狗建立感情的时候，一定要细心地与它交流，不要谴责它，更不能因为它做错了事而打它。无论你想告诉它什么，只要耐心与它交流，它一定能听懂的。

63. 为什么说狗是人类忠诚的朋友

狗 的忠诚，几乎是人尽皆知的事。忠诚，几乎成了狗的代名词，你看看下面的小故事，就会感受到一条狗到底有多么忠诚。

一提起狗的忠诚，我就不由得想起小时候村子里的一条狗。村里有位孤寡老人，他无儿无女，和一条狗相依为命。后来老人去世了，那条狗被老人的亲戚领走了，但是刚到老人的亲戚家它就偷偷地跑了回来。这条狗怎么也忘不了自己的主人，它围着老屋转来转去，寻找老人的身影，任谁赶也不肯离开。当然，它再也不可能见到自己的主人了，屋子里主人的气味也随着时光的流逝变得越来越淡。但是这条狗不知道自己的主人已经去世了，它以为老人只是离开一阵子，过几天就会回来了，于是每天都坐在家门口翘首观望，每天都在等着老人回来……

狗守护着人们入睡，保护着人们的家园，它无私地奉献自己的青春和力量，从来不索求回报。不，它也索求回报，它要的回报是主人的一个微笑，一个爱抚的动作……这个世界上，还有比狗更忠诚更单纯的动物吗？

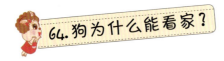

64. 狗为什么能看家？

我们都知道，狗是看家能手。在最初人类驯养狗的时候，狗就有了这项本领，也正因为狗有这种本领，所以人类的生活也就越来越离不开狗。但是，你有没有想过，狗为什么能看家呢？这背后有什么缘由？

狗能看家，首先和狗所具备的一些身体特征有关，比如灵敏的嗅觉和听觉。狗嗅觉灵敏，一闻到陌生人的气味就能立刻提高警惕，以防小偷或是坏人进入自家的住宅。狗的听觉在看家护院方面更是发挥了很大作用。狗除了能意识到坏人的靠近，还能在必要的时候发出"汪汪"的警报声，让坏人趁早打消偷鸡摸狗的念头。

狗身体特征上的诸多因素虽然十分重要，却只是狗可以看家的条件。即使这些外部因素再怎么完备，如果一条狗对"家"一点儿概念也没有，它还是无法看家的。狗之所以能看家，最重要的一点是狗具有领地意识。它把主人的家当作自己的领地，当有生人进入时，在它看来就是有人侵犯了自己的领地，自然会发出警告甚至会发动攻击。

狗在看家的时候，可谓尽职尽责，正是因为它们将主人的家和自己的领地这两个概念统一了，其最终结果就是成功地保护了主人的家和自己的领地。

65.为什么说狗是"危险警报器"

狗有很多称号,如"看家能手""忠诚伴侣"等。除了这些响当当的名号外,狗还有一个称号,叫作"危险警报器",你知道这个称号是怎么获得的吗?

动物界有许多小家伙都能做预报,有好些动物都有预报天气的本领。比如燕子就能预报天气,我们都说"燕子低飞要下雨",这是因为天气潮湿的时候,小飞虫的翅膀上沾了水汽,飞得低了,吃虫子的燕子自然也飞得低低的,好捕虫子吃。除了预报天气之外,还有一些动物能预报自然灾害,老鼠就是一个典型的例证。老鼠能准确地预报地震和洪水,看过《泰坦尼克号》的人都知道,船上进水的时候,人们都跟着老鼠跑,因为老鼠知道什么地方安全。其实,狗也有预报自然灾害的本领,这得益于它灵敏的鼻子和耳朵。狗还能做其他方面的警报,比如,遇到家里的煤气泄漏,狗的鼻子闻到陌生的强烈气味会很不舒服,因而会大声吠叫。医学报道称,有的狗还能预测癫痫病患者发病,它们会在患者发病前拼命地吠叫。

如此看来,"危险警报器"的称号对于狗来说可真是名副其实啊!

66. 狗为什么"不嫌家贫"

"狗不嫌家贫,儿不嫌母丑",这是一句中国古话,讲的是做人做狗都要知恩图报,不可忘恩负义。对于"儿不嫌母丑",人们都没什么异议,毕竟血浓于水嘛!但是,为什么说"狗不嫌家贫"呢?

要想说清楚狗不嫌家贫这件事,最好的办法就是将狗和猫作一下比较,它们都是人们常养的动物,但是这两种动物的行事风范可真是大相径庭。养过猫的人都知道,猫科动物喜欢"独行",老虎啊、豹啊什么的,它们都对同伴没有什么很深的感情,也不与别的同类相伴而行。独自行动使它们有一种自私的本能,咱们家里养的猫就会为了生存而不择手段。但是狗就不同了,狗像狼,属于群居动物,它们对生活在一起的同伴感情非同一般,可以算得上是生死与共。后来,狗被人驯服后,便与人生活在一起。狗有忠实善良的本质,只要你和它建立了共同生活的关系,它就会把你当作自己的亲人,相信并跟随你和你的家人。正是因为如此,无论你是贫穷还是富有,无论你是健康还是患病……它都会一直守护着你,不离不弃。

由此看来,人们说"狗不嫌家贫"并非夸大其词。狗的这种品质是非常感人的,这就是越来越多的人选择养狗的原因。

67. 狗有嫉妒心吗

有嫉妒心的人总是会为别人得到而自己得不到的东西耿耿于怀。嫉妒使人变得不快，使人与人之间产生心理的隔阂。心理学家一直认为只有人类才有这种心理，现在科学表明，狗也是有嫉妒心的。

狗不但有嫉妒心，而且许多品种狗的嫉妒心还十分强烈呢。一般来说，与人类建立共同生活关系之后，狗会认定自己就是家里的一员。如果哪天主人又带来另一只狗，它说不定会扑上去咬对方一口的。狗是温顺的动物，为何会出现这种情况呢？这是因为它认为新来的狗侵占了属于自己的地盘，夺走了主人对自己的关心。别说多了一只新来的狗，即使是两只共同生活在一个家庭里的狗，它们之间也有彼此嫉妒的现象。我的邻居家养了两只狗，它们之间就互相嫉妒。打个比方，如果主人摸一只狗的头，另一只看到的话准会嗷嗷叫，因为它也要主人的关怀。为了避免这种情况，主人只能同时摸两只狗。呵呵，连这点小事也放在心上，这些小狗很可爱吧？

正是因为如此，当你准备再养一只狗，或者偶尔有别人家的狗寄养在你家时，一定要妥善地处理好自己家里那只狗的情绪。如果忽略了对它的照顾，它就会愤怒，不遵守已养成的生活习惯，变得暴躁和具有破坏性。

68. 狗有"家"的概念吗

狗在很久很久以前就已经同人生活在一起了,在人类看来,狗无疑是人类家庭的"成员"之一。既然狗同人类生活在一起,那么就不得不思考这个问题了:狗有"家"的概念吗?

狗能看家,是因为它有"领地"的概念,但这还不能说明狗是否有"家"的概念。但是如果通过对狗的其他行为进行观察,你就会慢慢发现,狗是有"家"的概念的。人们常说猫狗是冤家,它们碰到一起,准会打闹个不停,甚至会出现抓破脸的情况。但是,如果谁家养了猫和狗两样宠物,你就会发现一个有趣的现象:狗竟然对家里的猫特别谦和,虽然个头比猫大得多,在猫找碴儿的时候,它都不怎么还手;但是,如果遇到别人家的猫,那可就另当别论了,非分出高下不可。通过这个例子,我们可以得出这样一个结论:狗是有"家"的概念的。在它看来,家里的任何成员都是好的,它绝不会主动制造"家庭矛盾",而且还会誓死捍卫"家庭安全",绝不允许别家的动物在自己家放肆。

狗对家庭的忠诚真是不枉人类对狗族成员的看重和接纳,相信随着时间的推移,人类与狗的关系肯定会更进一层的。

69. 狗为什么会"恋旧"

"恋旧"指的是人们对一些老东西或过去的事情念念不忘。恋旧是人的一种常态，因为人是一种有记忆的动物，当然无法抛开过去了。狗对旧物的怀念不是基于记忆，更依赖于一种生理的本能。

现实中发生过许多被送走的狗重新返回原主人住处的故事。其实，这种事例除了显示狗的忠诚外，也表现了狗的另一种性格，那就是"恋旧"。狗为什么会恋旧呢？这是因为狗是一种很在乎安全感的动物，它不但不喜欢与陌生人待在一起，而且还不喜欢待在新地方。狗新到一个环境，总是要经过一段适应期。它喜欢在自己所处的环境里留下自己的记号，比如，它睡觉的窝里就满是它自己的味道，闻着这种味道睡觉，它会有种安全感。一旦到了新的环境，它会感到非常的不安，不知何去何从。这就是狗恋旧的原因。在它们看来，自己的东西，即使再破再寒碜也是好的。

无论是狗也好，人也好，恋旧都是一种美好的情怀。我们可以通过回忆过去的东西来丰富自己的现在，拥抱美好的未来。恋旧不仅仅是一种情怀，还是一种态度。

世界上有很多种狗，这些狗族成员，有的小巧玲珑，有的高大健硕，它们丰富了我们的视野，也使我们的生活变得与众不同了。它们不但看起来不同，而且还有不同的本领，在人类的生活中充当着不同的角色。狗可以帮人类做很多的事，给我们的生活带来很大的方便。更令人震惊的是，它们所做的一些事中，竟然有许多是人类通过现代科技都无法完成的。正是因为如此，狗通过人类的训练后有了新的身份，可以帮盲人引路，可以追捕犯罪嫌疑人，甚至可以进行搜救，如果没有它们，人类不知要承受多少损失！如此看来，狗已经不单单是宠物那么简单了，难怪人们对狗族成员越来越重视了！

第五章 狗族犬事

 70. 导盲犬如何导盲

如果你看过《导盲犬小Q》这部电影，一定会对小Q这只导盲犬印象十分深刻。导盲犬并非一种特殊犬种，而是按照工作性质进行的划分，比较常见的导盲犬有拉布拉多和金毛。但是导盲犬并非生下来就可以导盲，这是需要经过长时间专业训练的。

拉布拉多犬和金毛都拥有很强的好奇心，易于训练。训练员所做的一切活动都是为了使导盲犬适应盲人的行为，使它了解盲人的行走状态。导盲犬能够听懂盲人发出的不同口令，比如"go""stop"等。这些口号一般都是英语，因为狗对英文的发音分辨率较高。它们在碰到楼梯、台阶时也会给主人提醒，可以带主人等红绿灯过马路。值得注意的是，狗是天生色盲，分辨不出来颜色，它们只有看到其他人走，才会跟着过马路，因而行人遵守交通规则对导盲犬和它的主人很重要。另外，导盲犬的记忆力也很强，可以给它特定的指令，带它到一个地方，以后只要盲人发出这个指令，导盲犬就能准确地带主人找到相应的地方。

一般来说，只有盲人才会买经过专业训练的导盲犬，当然，经过训练的导盲犬在外表上与未经训练的拉布拉多和金毛没有什么区别。普通人喜欢那种狗的话，只要买普通的拉布拉多和金毛就可以了。

71. 为什么导盲犬一生只有一个主人

狗 是一种很恋旧的动物，对于一条狗来说，世界上最悲痛的事莫过于让它同自己的主人分开。但是，这并不代表一条狗一生都只有一个主人，许多狗的确拥有过两个以上的主人，而且还与他们都相处得很好。但是，有一种狗确实一生只有一个主人，那就是导盲犬。

培训导盲犬是一项很繁重的工作，也会耗费很多时间和金钱。导盲犬的培训过程长达18个月，综合费用达2.5万～3万美元。这种培训从小狗出生后2个月就开始了，单单培训的第一个阶段就要花费12个月。一只导盲犬的服务年限是8～10年，如果导盲犬太老的话，可能会在工作过程中出现差错。因而，出于安全考虑，导盲犬大约工作到10～12岁就会退休。想想看，如果因为导盲犬的疏忽，在红灯时就带着主人穿越十字路口，那多危险。一只拉布拉多犬被选去接受培训，只是成为导盲犬的第一步，最重要的是要让它同人类建立感情。经过一系列艰苦的训练和严格的考核后，它才能成为一只合格的导盲犬。

导盲犬的大部分训练内容都是为某个服务对象而设计的，要为一只导盲犬改变主人，那是一件非常困难而且非常有风险的事。因而导盲犬的一生往往只会有一个服务对象。

72. 警犬是如何追踪犯罪嫌疑人的

看过警匪片的人对警犬都不陌生。我们看到警察带着警犬一阵狂奔，过不了多久就把犯罪嫌疑人抓到了。警犬追踪犯罪嫌疑人看似简单，其实是一项非常复杂的工作，它必须把握各种微弱的变化，排除各种干扰，才能成功地抓获犯罪嫌疑人。警犬是如何做到这一点的呢？

人们都说，任何犯罪活动都会留下一些线索。犯罪嫌疑人在犯罪现场也会留下自己的气味，这种气味是每个人所特有的。现在大家都对狗有所了解了，知道狗有十分灵敏的嗅觉。普通的狗嗅觉就非同小可，更何况经过专业训练的警犬呢？可以这么说：警犬的鼻子就是为了闻犯罪嫌疑人的气味而生的。追踪犯罪嫌疑人之前，警察都会事先收集到一些犯罪嫌疑人的气味采样。他们将犯罪嫌疑人的气味采样递给警犬嗅一嗅，这些警犬就可以很容易地据此搜寻到犯罪嫌疑人的踪迹。当然，并不是说追踪过程中一点意外也不会出，但是警犬总能及时地纠正自己的错误，朝正确的方向追过去，并最终找到犯罪嫌疑人。

警犬不但能够准确地找到犯罪嫌疑人的下落，在没有警员的情况下，它们还会英勇地同犯罪嫌疑人搏斗呢！现在每个国家都会花费很大的经费训练警犬，警犬在刑事犯罪中真是帮了警察的大忙，有效地防止了犯罪嫌疑人逃脱。

73. 为什么要给警犬装钛獠牙

獠牙指的是尖尖的牙齿，现在网络上出现了一种叫作"钛獠牙"的东西。"钛獠牙"是美国研发的一种警犬新武器。有人可能要问了，警犬的牙齿本来就锋利无比，为什么要戴假牙呢？

牙齿完好无损的犬的确无须戴假牙，其实钛獠牙通常是给那些牙因各种原因受到损伤的狗安装的。在美国，牙齿受伤的警犬可是不在少数，每年大约有不少于 600 只警犬接受这种手术。装了这种獠牙后，本来无法工作的伤犬就可以继续为人民服务了。这种人造的獠牙可以延长警犬的服务年限，延长了警犬的服务年限后就可以节省很大一笔开支。训练一条警犬要花费许多时间和经费，有人做过统计，给一只警犬装钛獠牙约需 600 美元，可训练出一只警犬来代替那些因缺牙而退役的同类，花销绝不少于 1 万美元。这种人造獠牙非常实用，不仅方便狗的生活，对罪犯还能起到一种心理上的威慑作用。当狗龇牙咧嘴的时候，首先看到的就是那 4 颗又粗又尖的獠牙。当狗吠叫，阳光照得金属獠牙闪闪发光时，那些罪犯看到后准会吓得往后退。

作了这番比较，不难发现，装钛獠牙的确是一件很划算的事，难怪美国警方会想出这种办法了。

74. 救护犬是如何救人的

救护犬，顾名思义，就是指帮助人们进行拯救人员的犬。救护犬自从诞生的那一天起，就一直是人类忠实的朋友，一旦发生灾难，它们就会承担起一系列求助和帮助任务。那么救护犬到底是如何救人的呢？

救护犬的工作范围非常广，无论是发生地震、雪崩等自然灾害还是遇到犯罪现场搜救，它都能帮得上忙。就拿"5·12"汶川大地震来说吧，在灾难面前，救护犬和其他的救护人员并肩奋战，它们以隐藏的活人为搜寻目标，嗅到人的气息就吠叫"报告"。它们还会用不同的叫声报告自己发现的不同情况，这不仅仅是因为救护犬十分聪明，还源自犬这种动物对人类与生俱来的热爱。有的救护犬连续工作数十个小时后，爪子都已经磨光，留下四五厘米长的伤口。在被命令接受治疗时，它们仍然将身体探向废墟，不停地用力嗅着。虽然救护人员有定位探测仪，但是相比之下，救护犬更迅速、灵敏和准确。特别是对于一些被埋在深层、无力叫喊的幸存者，基本依靠救护犬来发现。

除了搜寻伤员外，救护犬还能起到联络情况、传送食物的作用，总之，它们不遗余力地挽救人们的生命，没有一丝一毫的懈怠。

75. 为什么说牧羊犬是牧场的"小主人"

牧羊犬大家都不陌生，无论是德国牧羊犬还是法国牧羊犬，它们都有一个共同的特点，那就是牧羊。牧羊犬和别的狗一样，也可以看家护院，它们之所以能够获得牧羊犬这一称号，最重要的一点在于，它们和普通的狗不一样，还是牧场的"小主人"呢！

现在，许多家庭里都养牧羊犬，有人甚至不知道这种犬和牧场有什么关系。其实，牧羊犬被人当作宠物是近代才出现的情况，人们原来培养牧羊犬的目的是为了对羊群进行守卫与驱赶。"牧羊犬"是人们对放牧类犬的总称。在过去千百年间，牧羊犬的作用就是在农场负责警卫，避免牛、羊、马等牲畜逃走或遗失。除此之外，牧羊犬还能起到保护家畜的作用，一旦有熊或狼的侵袭，它们就会勇敢地同这些猛兽作斗争。当然，牧羊犬也可以最大限度地避免偷盗行为的发生。它们不仅会"赶羊"，还会"卖羊"。牧羊犬能自己将牛羊运到市场进行交易，是农场主不可多得的，也是必不可少的好助手。

随着历史的发展，牧羊犬逐步受到各国人民的热爱，好些牧羊犬离开了牧场，走进了人类的生活中，成为了人们的宠物。不过，这些牧场小英雄倒也随遇而安，它们也挺适合社会安排给它的这个新角色。

76. 为什么绝大多数的牧羊犬是白色的

对狗有所了解的话，你就会发现很多牧羊犬都是白色的。白色的确是个漂亮的颜色，但是牧羊犬真的是为了漂亮才长成白色的吗？

我们知道，生物的颜色是随着长期的进化自然选择而形成的。大多数虫子都是绿色的，你很少看到紫色的虫子，因为虫子生活在植物上，植物大多数都是绿色的。有些动物为了生存的安全，甚至会改变自己身体的颜色，变色龙就是一个例子。牧羊犬无法随时改变自己的颜色，为了更好地进行工作，它必须选择一种对自己而言最有利的颜色，这就是白色。白色与羊群的颜色十分接近，方便牧羊犬进行工作，不会显得特立独行，也不会造成羊群的恐慌。

另外，有了这样亮色的皮毛，牧民在黑夜中也能辨认出它们，并将其与其他野兽区分开来。如果牧羊犬和狼长一个样，那么牧民打狼时也很可能会伤到自己的狗。牧羊犬披上一身亮色的皮毛，也能给自己最好的保护：它能像一件白色的厚皮衣一样将狗的躯体包裹在其中，保护它不被猛兽咬伤，同时也能抵御天气的严寒。

如此看来，牧羊犬长成白色是十分必要的。当然，长一身白毛，也有不好的地方，那就是这种毛容易脏，如果牧羊人喜欢干净的话，就只好多给自己的狗洗洗澡了。

77. 斗牛犬真的会"斗牛"吗

斗牛犬又叫老虎狗、牛头犬，是一种源于英国的犬种。成年斗牛犬约有二三十千克重，30～36厘米高，属于中型犬。有人要问了，这么个"小个子"为什么叫"斗牛犬"呢？它真的会斗牛吗？

人们给每个动物命名都是有根据的，说句实话，斗牛犬最初还真是用来挑逗公牛的，正是因为它有这项本领，所以人们才给了它"斗牛犬"这个称号。斗牛犬在斗牛场上可是赫赫有名，最有名的要属英国斗牛犬。英国斗牛犬的祖先有很长的历史，最早可以追溯到摩鹿斯犬。摩鹿斯犬是一种以古希腊的一个部落命名的战斗犬，性格十分凶狠。斗牛犬正是遗传了祖先好斗的性格，才被广泛地用于斗牛。

斗牛犬从12世纪中叶起便被用在血腥的斗牛场上。数百年来，这种犬得到了不断的改良。自从1835年斗犬制被废除后，它们失去了原本的职业，逐渐演变成了家庭犬。斗牛犬长相十分特殊，它们生来脸上就有皱褶，像一个脾气不好的小老头。正是因为斗牛犬的面部有许多皱褶，所以这种狗的表情看起来很有韵味，显得十分独特，所以也深受大家喜爱。

虽然其貌不扬，斗牛犬却是很多学校、组织乃至国家的吉祥物。耶鲁大学的吉祥物是一只叫"英俊的丹"的斗牛犬，美国海军陆战队也把斗牛犬当作吉祥物。

78. "西施犬"一名是怎么来的

西施犬是一种很好的玩赏犬，又是最适合家居生活的典型伴侣狗。西施犬健康开朗、精力充沛、忠实友善的个性也很招人喜欢。我们都知道西施是中国古代的一位美女，西施犬这一名字和这位美女有没有关系呢？

西施狗有两层被毛，毛很长很光滑，看起来又柔软又飘逸，真的很漂亮。西施犬的祖先具有高贵的血统，是一种深受大家喜爱的宫廷宠物。正是因为长得漂亮、血统高贵的缘故，西施犬的性格十分骄傲。它们走起路来总是高傲地昂着头，尾巴翻卷在背上，一副谁也瞧不起的神情。这大概就是人们将它与中国古代的大美女西施相提并论的原因吧！赐予"西施"这一美名，对于这种小狗来说可以算得上名副其实了。因为它们的确很漂亮。

但是每一种美丽都是要付出代价的。人想要漂亮就要用各种护肤品、化妆品，好好打理头发，西施犬要漂亮也是如此。它们的毛长而且脆，很容易折断和脱落，所以养西施犬的人除了经常为它梳毛之外，还会替它扎毛。扎过毛之后，西施犬显得干净、美观，露出一双美丽的大眼睛，真是可爱！

西施犬除了长相美观外，它在特定时刻还能够发挥工作犬的刻苦耐劳的特性，因此人们都非常喜欢它们。

79. 蝴蝶犬真的像蝴蝶吗

蝴蝶犬是一种产于法国的小型犬，蝴蝶犬的法语是Papillon，翻译过来就是"蝴蝶"。16世纪法国的宫廷盛行饲养这种犬，它甚至还得到法国宫廷名人旁帕都鲁以及路易十六的妃子的赞赏。蝴蝶犬性格平和、活泼、顺从、适应性强，适合做伴侣犬，不愧是招人喜欢的良种玩赏犬。现在我们要说说这种狗名字的来源，"蝴蝶犬"到底哪一点像"蝴蝶"呢？

蝴蝶犬身高28厘米以下，体重3.6～4.5千克，寿命10～14岁。毛色有黑色和白色、褐色和白色、白色和黑色带有棕褐色斑块。这种狗刚生下来时，耳朵是耷拉着的，但是后来会逐渐变大且直立起来。蝴蝶犬最大的特点是头部色彩多样，而且左右对称，一眼看去，那两片直立外展的耳朵就像一对蝴蝶的翅膀，因而人们为它起了这么个名字。

和西施犬一样，要保证蝴蝶犬的美丽，也是要付出精力的。蝴蝶犬最大的特征就是两只展开的大耳朵，要保证它们的仪容，蝴蝶犬的主人也要做好护理蝴蝶犬耳朵的工作，尤其要注意一些细节。在对蝴蝶犬的耳朵进行护理的过程中，要尽量用柔软的纸巾和温和的滴耳油。清理的时候，用双手托住蝴蝶犬的下巴，手指在耳道轻轻转动，擦拭出蝴蝶犬耳朵内的污垢。给自己饲养的宠物美容是一项细腻的工作，不但要定期进行，而且要仔细认真，只有这样才能保证自己的蝴蝶犬像蝴蝶一样美丽。

80. 哪种狗跑得最快

灵提还有一个名字，叫作格力犬。这种狗原产于中东地区，现在却分布在世界各地。灵提最大的特点就是跑起来非常之快，它是狗族中的长跑冠军，也是世界上奔跑速度最快的狗。

灵提奔跑起来直线速度可达70千米/小时，正因为它跑得快，所以人们常用灵提来捕猎。灵提可以准确地追捕灵敏的小型动物。就拿野兔来说吧，这些小家伙是大自然中跑得相当快的动物，但是灵提正是它们的天敌。有意思的是，灵提似乎也对追兔子这件事十分入迷，自古以来野兔就是灵提追逐的对象。现在，为了训练灵提，一些聪明人发明了一种充了电后会一直跑的机械兔子。许多驯狗师正是用机械兔子让灵提做追逐活动。

灵提气质高雅，身体结构优美，机警敏锐，感情丰富，行走时步态优雅，奔跑时迅捷如飞。所以，灵提不但在捕猎上有很大的作用，看它们奔跑对人类来说也是一种享受。正因为如此，现在灵提才被广泛地运用于犬类赛跑。在赛场上，灵提的速度因为要转弯减速相对低了一些，但是也在64～68千米/小时。

虽然奔跑迅速，灵提的性格却十分温顺，不主动攻击人。奔跑是灵提最快乐的事，所以，灵提的主人最好每天要留一定的时间让它奔跑，这样灵提才会身心健康。

81. 哪种狗最温顺

总有这样一种错误认识，那就是越小巧的狗越是温顺。其实不是这样的，狗温顺与否只和它的品种有关，相对来说，小型犬属于比较偏激的类型，倒是大型犬中有些狗比较温顺。

金毛和拉布拉多都是大型犬，与许多小型犬相较，它们都是十分温顺的狗，这也是这两种狗十分普及并且被训练成导盲犬的原因。金毛和拉布拉多犬平时很安静，不像喜乐蒂和吉娃娃等小型犬那样汪汪乱叫，也不像哈士奇那样好动。其实，狗的性格和狗的遗传因素是分不开的。为什么哈士奇好动呢？因为它是大运动量的雪橇犬出身，如果它不好动不活跃，雪橇就拉不走啦！

不爱叫、不好动并不代表冷漠，其实金毛和拉布拉多也很容易和陌生人打成一片。有人说了一件发生在自己身上的事：他的家里进了贼，养的一只金毛见贼闯进屋里，不但叫都不会叫一声，甚至和贼玩了起来！别看金毛和拉布拉多犬那么大的个子，它们还是像小孩子一样天真！

当然，狗温顺与否，不仅和品种有关，也和后天的生活环境有关。一般而言，在自由快活的环境下长大的狗都比较友好温顺，在封闭严苛的环境下长大的狗脾气相对比较暴戾。

82. 藏獒为什么被称为"东方神犬"

了解狗的朋友一定听过"藏獒"吧？但是你知道吗？藏獒可是世界上著名的大型猛犬，曾经被评为"举世公认的最古老、最稀有、最凶猛的大型犬种"！

藏獒由古鬃犬演变而来，古鬃犬已经有了1000多万年的历史，是犬类世界的活化石。在被人类驯化之前，藏獒一直是青藏高原横行四方的野兽，被古人称作"天狗"。藏獒性格凶猛，力大无穷，它们甚至敢于和野兽搏斗，一只纯正血统的藏獒根本就不把虎豹之类的凶猛野兽放在眼里。奇怪的是，藏獒虽然性格凶猛，对主人却特别忠诚，而且同主人在一起的时候也显得十分的温顺，是藏民看家、放牧的好帮手。

藏獒有一种坚定的复仇本能。它的嗅觉十分灵敏，你要是伤害了它的主人，或者咬死了它们看护的牛羊，可得想好摆脱跟踪报复的办法，否则你就大祸临头了！它们会循着你的足迹，一直追到天涯海角。

正是因为藏獒凶猛无畏，因而被赋予"东方神犬"的美称，西藏佛教的传说里把它说成活佛的坐骑。藏獒研究者说它是"国宝"，是"世界猛犬的祖先"。藏獒一生都在为人类而战，它们的生存理念是：忠诚、道义、职责！

83. 茶杯贵宾犬真的可以被放进茶杯里吗

杯贵宾犬，一听这名字我们就能猜到这种狗肯定娇小可爱。但是在名字上冠以"茶杯"二字是否有点儿太夸张了呢？

如果你真的了解这种狗，就会知道，这么叫它真是一点儿也不夸张。茶杯贵宾犬的诞生纯属偶然。在19世纪时，玩具贵宾犬因基因突变而诞生了，成为最早的茶杯犬。这种犬经过美国繁殖家的培育，逐渐发展成现今的模样。经历了半个世纪的繁殖，茶杯犬的体形基因已相对稳定，一些繁殖家还为茶杯犬订立了标准：体重不足1.8千克，身高不超过20厘米的才算合格。自从订立了标准，人们更加容易区分茶杯犬和一般的贵宾犬了。

茶杯贵宾犬是玩具贵宾犬的缩小版，传统的茶杯犬与一般的贵宾犬在颜色上没有什么差别。随着品种的改良，现在茶杯犬的毛色除了单一色系外，还在世界各个地区流行起花斑纹来，乳牛花、红白花都是十分时尚的花型。茶杯犬性格温顺、活泼、与人为善、聪明灵巧，与一般的小型犬的敏感性格完全不同，和吉娃娃、博美之类的微型犬在性格上也有很大差别。茶杯犬的犬种有5～7种，茶杯贵宾、茶杯约克夏都很受欢迎，它们因为小巧可爱，成为了众多贵宾犬爱好者的新宠。

自从被驯化以来,狗就是人类的朋友,它们帮人类放牧,为人类看家护院,随着时代的发展,许多狗还有了十分了不起的新身份!想一想不难发现,人类的生活如果没有狗,会缺乏安全感;如果人类的文化中没有狗,也会失去几分色彩。

狗参与到人类的文化中,在不同的文化中充当不同的角色,人们通过自己的想象为狗创造了各种形象。它们出现在各种故事中,丰富了人类的文化知识。甚至还有以"犬"自称的学派……我们透过这些故事,透过对"狗文化"的研究,可以看出在各个时期,人们对狗有怎样的认识。不可否认的是,狗自从进入人类社会之后,渐渐地在人类文明中有了更高的地位,显得更不可忽视了。正是因为如此,现在不但有了专门生产狗饮料的工厂,还有了供狗进餐的餐馆,供狗礼拜的狗教堂。

第六章 人类文明中的狗

84. 狗是怎么成为十二生肖之一的

狗 不仅是人类最亲密的伙伴，也是人类最忠诚的伙伴，任何情况下狗都不会背叛自己的主人。狗以自己的忠诚赢得了人类的信任，成为十二生肖之一是无可争议的。关于狗是如何成为十二生肖之一的，民间还流传着一个有趣的故事呢。

传说，玉帝看凡间的许多动物都为人类作出了巨大的贡献，于是想要选出最有功劳的十二种动物作为人类的生肖。在玉帝下旨挑选十二动物当属相的时候，各种动物都想被选中，于是拼命把自己的优点表现出来。猫和狗与人的关系都十分密切，猫认为狗吃得太多，成天只是趴在门口；狗认为猫只会偷腥，吓唬老鼠。它们争执不休，于是让玉帝评理。当玉帝问它们每天吃多少东西时，猫说了谎，玉帝断定猫吃得少干事多，贡献比狗大。狗非常生气，要和猫算账，猫便一直躲着它。趁此机会，狗同鸡一块去天宫排队当属相了。鸡连飞带跑，排到了狗前面，躲在暗处的猫也连忙飞跑到天宫，排在狗的后面，哪知小老鼠耍了个手段，藏在牛角中抢先当了属相，结果猫与属相无缘了。

从此，猫恨透了鼠，见了鼠就咬死它，狗虽然当上了属相，但诚实正直的它始终不原谅猫，见了猫就追，直到今天也还是这样。

85. "刻耳柏洛斯"为何有三个头

我们都知道,狗的本领之一就是看门。不仅现实生活中的狗有看门的本领,神话故事中的狗也是如此。刻耳柏洛斯是希腊神话中的一条狗,它也会看门,不过看的不是普通的门,而是地狱之门。这条狗嘴里滴着毒涎,下身长着一条龙尾,头上和背上的毛全是盘绕着的条条毒蛇。这也就算了,更怪的是,它竟然长了三个头,为什么会这样呢?

为了看好地狱之门,刻耳柏洛斯一直都住在冥河岸边。在希腊神话中,死人在进入冥界时要先乘坐卡戎划的船渡过冥河。刻耳柏洛斯就是为冥王看守冥界的大门的。刻耳柏洛斯只允许死者的灵魂进入冥界,但不让任何活人出入。担负着如此重要的任务,如果不长三颗脑袋真是不够用。现在好了,它的屁股堵着大门口,一个头冲着正前方,一个头看守左边,另一个头看守右边,看谁还能躲得过它的监视。古代一位名叫维吉尔的伟大诗人说:刻耳柏洛斯有三个喉咙,它的叫声是三重奏,还有人把它比作主教的三重冠冕。

其实,刻耳柏洛斯有三颗脑袋并不难解释。因西方人十分喜欢"三"这个数字,所以,他们的神是"三"位一体的,他们的政权是"三"权分立的,他们编的故事里自然也有许多"三"。

86.哮天犬的原型是什么

看过《宝莲灯》的人对哮天犬都不陌生,哮天犬是中国神话传说中二郎神身边的神兽,它也在《西游记》《封神榜》等有关二郎神的传说中出现过。每个神话角色都有自己的原型,哮天犬的原型是什么呢?

其实哮天犬的原型就是中国细犬,中国细犬是中国古代的狩猎犬种。虽然是从古埃及引进中国来的,但是细犬在中国也有悠久的历史,唐代的时候,人们已经开始用细犬狩猎了。现在,中国细犬分为很多类型,有长毛也有短毛的,哮天犬的原型属于短毛细犬,长相接近山东细犬和河北细犬。

有些看过电视剧的人说,哮天犬和中国细犬长得一点儿也不像,倒是很像杜宾犬。其实,这是因为拍电影的时候,导演为了使哮天犬看上去更凶狠一些,就放弃了身材细长的细犬转而用杜宾犬代替了。根据文献记载,哮天犬就是以细犬为原型的。杜宾犬绝不可能是哮天犬的原型,因为杜宾犬根本就不是中国本地的犬种。

干宝的《搜神记》佐证了这一点。另外,在元杂剧中,提到哮天犬时也这样写过"凭着真君金弹、细犬、三尖两刃刀"。如此可见,哮天犬的原型为细犬是不会错了。

87. 真的有"天狗"吗

中国古时候有天狗吃月、天狗吃日的传说。遇到天狗吃月或天狗吃日的时候，人们就会敲锣打鼓，吓唬天狗，让它吐出太阳或月亮。老人们讲起天狗的故事真可谓头头是道，但是这些都是真的吗？真的有天狗吗？

其实，关于天狗的说法都是古人对自然现象的误解。就拿天狗食日来说吧，根本就不是天狗把太阳吃掉了。人们看到太阳一点一点地消失了，是因为发生了日食，而非太阳被天狗吃掉了。发生日食的时候，月球正好运行在地球和太阳中间，月球椭圆形的影子投射到地球表面，从地球上看过去，太阳就好像缺了一块。由于地球和月球都在运动，所以月球的影子以很快的速度扫过地球表面。在投影渐渐地离开之后，人们就看到太阳一点一点地恢复了原状。古人虽然对自然景观十分关注，但却不能明白其中的科学道理。太阳和月亮对人们来说非常的重要，看到太阳和月亮一点一点地消失，人们自然感觉十分害怕，于是就敲锣打鼓吓唬"天狗"。其实，并不是他们的做法起效了，即使他们什么也不做，过一段时间太阳和月亮也会自动现身的。

你现在明白了吗？根本就没有什么天狗，我们应该用科学知识来解释客观的自然现象，而不能想当然，更不能迷信。

88. "白衣苍狗"一词有什么含义

唐代著名诗人杜甫曾经在《可叹》一诗中写过这样的句子:"天上浮云似白衣,斯须改变如苍狗。"后来,人们根据杜甫的这两句诗造出了"白衣苍狗"后来又衍生成"白云苍狗"这个词。"白衣苍狗",乍一看,似乎在说两样东西,但是这个成语的含义可没这么简单!

"白衣",顾名思义,说的是白色的衣服。"苍"也是白色的意思,从"苍白"这个词也能看出来。既然"苍"是白的意思,那么"苍狗"说的自然就是白色的狗了。如此看来,白衣苍狗说的就是白色的衣服和白色的狗,这二者到底有什么关系呢?其实,这两个物体都是比喻,比喻的是天上的云彩,一会儿像白色的衣服,一会儿像白色的小狗,这是在形容时间的变化。"白衣苍狗"这个词呢,自然就是指时光的流失了。

但是,杜甫在诗里并非只是指时光的流逝,那是杜甫是在借时光的流逝来比喻人世间的变化无常。天上的云彩起初像一件白衣,瞬息之间能使之变成苍狗,白衣与苍狗是两种毫不相干的事物,但世情的冷暖以及人们的舆论却能使它们发生关联,使之变化无常。

89."狡兔死，走狗烹"一词是怎么来的

"狡兔死，走狗烹"这句话大家或许都听说过，其中的意思也能猜个差不多。兔子逮完了，就把猎狗煮煮吃了，也泛指人在用完一个人后立刻抛弃他。说起这个词语的来历，我们不得不讲一段故事了。

秦朝后期，人民不堪忍受暴政，纷纷起来反抗。汉高祖刘邦就是一个非常著名的农民运动领袖。刘邦是个贫民出身的人，他能当上皇帝，全在于他知人善任。刘邦珍惜人才，也善于用人，因而他的手下笼络了一大帮能人。在自己的谋士和将军中，起最重要作用的就是韩信。韩信这个人大家都不陌生，"胯下之辱""萧何月下追韩信""韩信点兵——多多益善"讲的都是韩信的故事。韩信知道刘邦是个知人善任的领导，于是从项羽那里离开，转而投靠在刘邦的门下。刘邦十分重视韩信，韩信在刘邦的手下也十分有作为。于是，他们一起打败了项羽，打下了汉朝江山。当上皇帝后，刘邦总是害怕自己手下那些能人会背叛自己，于是想尽各种借口，将他们逐一除掉了。韩信在临死前曾给刘邦说过"狡兔死，走狗烹"这句话。

韩信终究没能逃过一死。但是这句话却给后人留下深刻的教训，帮别人打工的人总是小心一些，为自己留个后路，只有这样才能保持自己的竞争优势和价值，不会因为没有利用价值而被踢出局。

90. "一人得道,鸡犬升天"讲的是什么故事

"一人得道,鸡犬升天"这句话的意思是说,一个人升了官,但凡跟他有点儿关系的人都跟着沾光。这个成语的背后,同样有一个有趣的故事。

了解历史的人对汉武帝都不陌生。传说,汉武帝在位的时候,淮南王叫刘安。刘安是皇亲国戚,吃穿不愁,于是便在闲暇时间研究修道炼丹,寻求长生不老之术,渴望有一天能像神仙一样长生不老。他研究了半辈子,也没有研制成仙药。但是这个人命比较好,有一天,他在一次出游时遇到了8个鹤发童颜的老翁。这几个人其实已经是半仙了,正是炼丹的好手。于是淮南王忙拜他们为师,跟着一起学习修道炼丹。过了一段时间,在几位老翁的帮助下,淮南王的丹药果然炼成了。汉武帝一听也想吃上一粒,以便长生不老,于是就派了人来抓淮南王以夺取丹药。刘安一听皇帝派人来抓自己,想独吞丹药,于是在情急下喝了丹药,成仙升天了。他的亲友看到刘安真的升天成仙了,也赶紧喝药跟着飞到天上去了。有意思的是,盛药的锅碗落在地上,刘家的鸡狗因为吃了炼丹锅里的丹药也跟着飞到天上,成了仙。

这就是"一人得道,鸡犬升天"的故事。故事很短小,可是其蕴含意义却耐人寻味。

91. 世界上有"职业遛狗人"吗

养狗的人都知道，每天遛狗是件十分麻烦的事，对于一些工作很忙的人而言更是如此。狗也需要运动，如果总是闷在屋里，一定会闷出病来的。遛也不是，不遛也不是，这可就难办了！别急，我们可以把自己的爱犬交给职业遛狗人啊！

职业遛狗人，就是以遛狗为职业的人。世界上还有这种行业？别忘了，现代社会是个分工逐渐细化的社会，人们可以聘请钟点工为自己收拾家务，可以聘请儿童接送者，为什么就不能聘请职业遛狗人呢？职业遛狗人这种行业兴起于美国，而且在美国职业遛狗人是一项非常受欢迎的工作。许多人都喜欢做这份工作，特别是那些喜欢宠物的人。对他们而言，这根本就不是在工作，而是在与自己的小伙伴一起游玩、消遣，不但工作轻松，而且薪水还很高。这份工作不像其他工作那样拘谨，没有着装要求，不用坐办公室，不用每天不停地接电话，真是相当不错。正是因为如此，在经济衰退中，美国"遛狗业"不仅未受到冲击，职业遛狗人反而挣得腰包鼓鼓的。

在阿根廷布宜诺斯艾利斯市，有200多人注册成为职业遛狗人，这些人大多是大学生，课余兼职遛狗。既能接触可爱的动物，又能赚外快，何乐而不为？

92. "狗教堂"是怎么回事

教堂是西方文化的产物。无论是在欧洲还是在中国，教堂都给人一种神圣和庄严的感觉。令人觉得不可思议的是，美国最近竟然建了一家"狗教堂"！

中国人一提起狗，似乎就没什么好事，但是外国人却不觉得说狗是骂人的，因此，他们觉得把教堂这种神圣的地方和狗扯在一起也丝毫没有受辱的意思。

美国的狗教堂的墙面是用白石头砌成的，里面的椅子和窗户上都画上了头上有光环的黑色拉布拉多犬。这家教堂是画家斯特凡·哈涅克为纪念自己养的5只狗而建造的。3年前，哈涅克的眼睛患了重病，很快就要失明了。3年来，他的5只狗辛勤地陪伴他，他能痊愈完全要归功于这5只狗。狗教堂的入口处写着这样一句话："无论什么宗教信仰，无论什么品种，所有的狗无一例外都可以进入教堂。"据说，第一批来这座教堂做礼拜的狗就有15只。哈涅克打算让狗定期去做礼拜。他还说，当地宗教机关对他的这一想法也没有异议。

如今狗教堂不仅成了动物们爱去的场所，也成了人们经常光顾的地方。教堂的门口挂着一些丢失的狗的照片和主人的文字说明，那些丢了宠物的人和捡到宠物的人更是喜欢来这里。

93.有招待狗的饭店吗

生活在大都市中,你总能在餐厅门前看到这样的标语:宠物禁止入内!长久以来,饭店都不允许人们带宠物进入,但是随着社会的进步,宠物在家庭中的地位也逐渐提高。伦敦的一家饭店就直言"此饭店招待狗",这可真是独树一帜啊!

这里虽然是一家供人进餐的饭店,但是狗主人却可以在这里为自己的狗狗点到好多狗喜欢吃的东西。狗狗可以在这家饭馆吃到大名鼎鼎的狗族汉堡,除此之外,餐厅里还有专门为狗准备的菜单。菜单上的菜式不一而足,有煎羊羔排、熏肉、通心粉等,可以让狗狗在这里大快朵颐。除了菜和主食之外,这里还有种类齐全的饮料。饭馆为狗提供的饮料有6美元一份的"狗毛"牌鸡尾酒。除了这些之外,那些被宠坏了的狗还可以在这家饭馆点其他的狗食,然后在饭馆的院子里用餐。看到这里,有人一定会说,这家饭店开始招待狗之后,客人一定会迅速减少的。怪就怪在,自从开始招待狗之后,这家饭店的生意不但没有变冷清反而更加兴隆了。这里不但成了养宠物的人的首选,而且也深受动物保护主义者的喜欢。

自从有了招待狗的饭店的先例,人类与狗的关系又朝平等的方向迈进了一步。

94. 有专门为狗生产的冷饮吗

夏天到了,生产冷饮的工厂开始忙活起来了,冰箱里也摆满了我们喜欢喝的各色冷饮。狗最不喜欢的就是夏天,如果它也能喝上冷饮的话,肯定会使这个炎热的夏天变得短暂一些。但是,有专门为狗生产的冷饮吗?

世界上还真有为狗生产的冷饮,这是澳大利亚的一家冷饮厂的杰作。只是不知道到底是谁想出了这么一个充满爱心又生财有道的方法。澳大利亚的这家冷饮店为狗生产的冷饮既健康又环保。这种饮料里不含碳酸,但是考虑到狗的爱好,生产的厂家在饮料里面加了增香剂。这些增香剂种类丰富,生产出的冷饮有鸡肉、熏猪肉、牛肉、饼干、蔬菜和玉米等各种口味,深受狗族成员和狗主人的喜爱。饮料生产商不但在饮料的口味方面做了充分考虑,还在营养方面下了很大的工夫。他们为了给狗提供生存所必需的微量元素,还在水里加了维生素和矿物质。狗族的冷饮不但味美,而且价廉,一瓶600毫升的饮料售价2美元左右,大概可以解决狗一天的需要,难怪狗主人如此喜欢!

现在有了为狗生产的冷饮和狗粮,以后或许还会有专门为狗生产的营养品呢!

95. 爱斯基摩人为何用狗拉雪橇

爱斯基摩人又叫因纽特人，他们生活在常年雪封的北极圈，住在冰屋里，以鲸鱼肉为主食。在爱斯基摩人生活的地方，汽车根本没法用，不等发动起来，汽车的启动液就冻结了，其他的交通工具也一样不能用。爱斯基摩人是如何出行的呢？

这可都要归功于阿拉斯加犬了！爱斯基摩人正是乘坐着狗拉的雪橇在雪地上跑来跑去的。把雪橇当作交通工具的确是个好办法，这个我们也能想得到，让人赞叹的是他们怎么想到用狗拉雪橇的呢？爱斯基摩人选择狗而不选择其他的动物是经过充分的考虑的。首先，和其他的动物相较狗的体重比较轻。雪地是十分柔软的，和其他体重较重的动物比起来，狗在雪地上跑起来就不会陷下去，而且跑得很快。正如我们所知，狗的耐力也很好，可以做长途奔跑。还有一点，对因纽特人来说，狗的食物比较容易解决，在北极植物很少，肉反而很多，所以他们选择狗而不是跑起来也同样快的鹿来为自己服务。北极是个天寒地冻的地方，与其他动物比起来，狗虽然怕热但是耐寒性能却比较好。

爱斯基摩人之所以用狗作自己的车夫，肯定也是因为狗和人类已经建立了那么深厚的友谊。对人类而言，它们已不仅仅是拉雪橇的工具了！

96. 什么是"犬儒主义"

"犬儒"是兴起于古希腊的一个学派,直到现在"犬儒主义"这个词还十分风行。"犬儒主义"代表了一种人生观,一种对待生命的态度。那么到底什么是"犬儒主义"呢?

古希腊的哲学是十分发达的,犬儒学派正是著名的大哲学家苏格拉底的学生安提西尼创建的。这个学派与其他的哲学流派拥有不同的主张,他们觉得人类应该逃避现实,回到原始的自然状态中去;要用一种粗野的生活方式过活,像狗一样,所以这个学派的学者被贬称为"犬儒"。

犬儒学派的主要代表人物是第欧根尼·拉尔修。相传他因为伪造货币而被放逐,后来,他到了雅典并苦心修学,改变了过去的生活方式,过着极其简朴的原始生活。最让人想不透的是,他竟然以折磨自己的肉体来磨炼自己的意志。第欧根尼栖身于一个大木桶里,在其中生活。虽然他的表现有点让人无法接受,但在智慧方面却仍受到人们的尊敬,连著名的亚历山大大帝都很欣赏他。第欧根尼的学说反映了犬儒学派的原则,认为幸福固然在于满足自然欲望,但自然欲望应该是极其单纯、原始的,凡违反这种简单、原始的欲求的习俗和享受都应弃绝。

到现代,"犬儒主义"一词在西方则带有贬义,意指对人类真诚的不信任,对他人的痛苦无动于衷的态度和行为。

97. 通过养狗我们能学到什么

　　人们之所以选择养狗不仅仅是因为狗能为我们看家护院，能给我们带来欢乐，而是因为通过养狗这件事我们可以学到很多东西。光说不算，我们现在一起看看，养狗能教给我们什么吧！

　　通过养狗，我们可以学习到一种强烈的责任感。养一条狗，你就要像照料一个孩子一样照顾它。每一顿饭，每一次它生病，你都要尽职尽责。养狗还能让我们感受到生命的重要性。与人相较，狗的生命相对短暂，人们难免要目送自己养的狗离自己而去。如果一直陪伴着你的狗去世了，我们一定会伤心一阵子。我们还能从中明白，应该珍惜自己所拥有的，任何东西一旦失去了，就再也无法找回了。通过养狗，我们还能学到爱心、体贴和关心。所以许多人才会说与小狗在一起非常有意思，忙了一天，再苦再累，回到家里，只要看一看小狗的眼神，心情就会变好。养狗还能培养我们的耐心和宽容心，要养狗就要去处理养狗带来的许多麻烦。小狗会在客厅里大小便，会把毛粘得到处都是，你必须耐下心来打理这一切，因为光是冲它发火是没用的。

　　瞧瞧，通过养狗，我们真的可以学到许多东西！

互动问答
Mr. Know All

001.狗和什么动物长得十分相像?

A.狼
B.豹
C.狮

002.狗和狼有什么不同之处?

A.发光的眼睛
B.灵敏的鼻子
C.温和的目光

003.狗的祖先主要是由下列什么动物进化而来的?

A.大象
B.狼
C.狮子

004.狗和狼的血缘关系是怎样的?

A.可以确定的
B.迷惑不解的
C.可有可无的

005.狗的饮食有何特点?

A.喜欢吃水果
B.喜欢吃肉,也爱面食和水果
C.喜欢吃肉

006.狗与狼的生活环境有何不同?

A.寒冷的雪原
B.寒冷的雪原和温室的宠儿
C.温室的宠儿

007.狗和狼的耳朵有什么区别?

A.竖立
B.下垂
C.狼大多竖立,狗总爱下垂

008.怎样分辨狼和狗?

A.看尾巴
B.看四肢
C.看鼻子

009.人类大约从什么时候开始驯养狗的?

A.1万年前
B.1.4万年前
C.2.4万年前

010.狗的主要祖先是什么动物?

A.狼
B.老虎
C.狮子

011.人为何给狗办葬礼？

A.人讨厌狗

B.人杀了狗

C.狗对人而言很重要

012.墓葬这一行为表现了什么？

A.人类对于逝去事物的怀念

B.个人喜好

C.宗教信仰

013.狗和狼的差异同什么相像？

A.树与花

B.大鱼和小鱼

C.同属人类的两个不同人种的人

014.人类约从多少年前发现狗是人类有用的伙伴？

A.10万年前

B.5万年前

C.2万年前

015.狗是通过什么方法增加数量的？

A.奔跑

B.繁殖

C.驯养

016.狗的品种为何多样化？

A.选择性繁殖

B.吃肉

C.天气变化

017.哪个组织为犬的划分提供了一个标准？

A.英国养犬俱乐部

B.美国养犬俱乐部

C.法国养犬俱乐部

018.梗犬是哪个国家培育出来的？

A.英国

B.德国

C.加拿大

019.玩赏犬的常见品种有哪些？

A.吉娃娃、博美、约克夏等

B.藏獒

C.拉布拉多

020.畜牧犬为何单独成类？

A.个子高

B.跑得快

C.会畜牧

021. 怎样做才能使工作犬从事工作？

　A. 通过检查
　B. 通过驯养
　C. 通过训练

022. 狗从事的非常新潮的职业是什么？

　A. 保姆
　B. 老师
　C. 演员或模特

023. 爱斯基摩人的出行工具是由什么动物拉的？

　A. 北极熊
　B. 狗
　C. 企鹅

024. 在发生火灾、雪灾时哪种犬能派上用场？

　A. 救护犬
　B. 导盲犬
　C. 警犬

025. 中国养狗的历史有多少年？

　A. 5000 余年
　B. 2000 余年
　C. 4000 余年

026. 史书上记载从哪个朝代开始有宠物狗的？

　A. 明代
　B. 宋代
　C. 唐代

027. 西方人养宠物狗可以追溯到多少年前？

　A. 1500
　B. 2000
　C. 1000

028. 随着单身现象和丁克家族的增多，宠物狗成了什么？

　A. 花儿
　B. 家庭的一员
　C. 狮子

029. 狗骨头的数目和哪个年龄段的人比较接近？

　A. 成人
　B. 婴儿
　C. 儿童

030. 狗的外形一般由几部分组成？

　A. 六部分
　B. 四部分
　C. 五部分

031.狗大概有多少块骨头？

A.225～230块
B.200～260块
C.160～200块

032.儿童有多少块骨头？

A.206块
B.225～230块
C.217～218块

033.狗的毛发相当于人的什么东西？

A.鞋子
B.头发
C.衣服

034.初生小狗的毛发是从什么部位开始长出来的？

A.头部开始
B.背部开始
C.肚皮的四周

035.狗"成年"的标志是什么？

A.开始吃东西
B.狗的毛变硬
C.开始奔跑

036.狗的毛发在夏天和冬天有怎样的变化？

A.快速生长
B.保持原样
C.慢慢脱落和渐渐长出

037.狗的毛在什么季节会脱落？

A.春季
B.夏季
C.秋季

038.墨西哥无毛犬有哪些特征？

A.全身黑色
B.全身白色
C.全身斑点

039.中国有一种毛很少的狗叫什么？

A.中国京巴
B.中国藏獒
C.中国冠毛犬

040.狗得了什么病会出现全身无毛的现象？

A.感冒
B.螨虫
C.过敏

041.狗的嗅觉感受器官叫什么?

A.嗅黏膜

B.嘴巴

C.眼睛

042.狗的嗅黏膜内的嗅细胞大约有多少?

A.200多万

B.2000多万

C.2亿多

043.一只警犬约能辨别多少种气味?

A.8万种

B.5万种

C.10万种

044.狗的嗅细胞有多少个?

A.10万个

B.2亿多个

C.4亿多个

045.狗会像小孩一样换牙吗?

A.会的

B.不会

C.一直长

046.狗长到五六个月相当于人类多大?

A.八九岁

B.五六岁

C.七八岁

047.狗掉牙之后会将它怎样?

A.吐出来

B.吞到肚里

C.给妈妈吃

048.什么牙齿会伴着狗一直到老?

A.恒牙

B.门牙

C.乳牙

049.狗吃东西时为什么喜欢"狼吞虎咽"?

A.牙齿很少

B.没有发达的咀嚼牙齿

C.牙齿很多

050.狗吃东西不咀嚼的原因是什么?

A.狗的祖先是狼,本性的残留

B.不喜欢咀嚼

C.不好吃

051. 驯犬师是怎样让狗养成"细嚼慢咽"的习惯的？

A. 站着吃饭
B. 跑着吃饭
C. 喂食定时定量，让它坐下吃饭练习耐性

052. 狗克制自己习性的原因是什么？

A. 让主人讨厌
B. 讨主人欢心
C. 改变自己

053. 狗的味觉感官在哪个部位？

A. 舌头上
B. 牙齿
C. 嘴唇

054. 狗味觉迟钝的原因是什么？

A. 牙齿小
B. 舌头小
C. 有"茄考生氏器"细胞

055. 狗是通过什么来品尝味道的？

A. 牙齿
B. 眼睛
C. 嗅觉

056. 为狗准备食物要注意什么？

A. 冷热
B. 气味
C. 颜色

057. 狗在夏天为什么喜欢吐舌头？

A. 饥饿
B. 口渴
C. 借助舌头排汗

058. 狗的皮肤和人身上的皮肤有何不同？

A. 保暖
B. 不怕热
C. 无法排泄汗水

059. 狗的身体可以自动调节温度吗？

A. 不可以
B. 可以
C. 不确定

060. 狗应该最不喜欢什么季节？

A. 春天
B. 夏天
C. 冬天

061.狗的听觉是人的多少倍？

A.26 倍
B.18 倍
C.16 倍

062.狗听到声音时，耳朵与眼睛会起到什么作用？

A.协助作用
B.相互作用
C.产生交感作用

063.猎犬、警犬为何能够正确地辨出声音的方向？

A.闻到声音
B.听到声音能用眼睛"注视声音"
C.看到声音

064.狗听觉灵敏的坏处表现在哪？

A.孤僻害怕
B.过高的声响是一种逆境刺激，会使它有痛苦、惊恐的感觉
C.不能使人靠近

065.狗会怎样交流？

A.用眼睛
B.用嘴巴
C.用耳朵

066.狗耳朵向后拉是什么表现？

A.恐慌
B.高兴
C.愤怒

067."耳朵语言"最漂亮的姿势是怎样？

A.直立
B.后拉
C.前倾

068.狗的耳朵表达的内容有利于什么？

A.狗的健康
B.我们和狗的沟通
C.狗的成长

069.狗的眼睛只能感受哪两种光？

A.灰光和白光
B.蓝光和红黄光
C.红光和紫光

070.狗用什么弥补了它们视觉上的不足？

A.灵敏的嗅觉和听觉
B.视觉和味觉
C.奔跑速度

071. 小狗的视觉世界是怎样的？
A. 五彩缤纷的
B. 灰暗的
C. 单调的

072. 狗的视网膜上面有几种视锥细胞？
A. 一种
B. 两种
C. 三种

073. 狗在夜晚的视力大概是人的几倍？
A. 5倍
B. 6倍
C. 8倍

074. 狗能在微弱光线中看清东西的原因是什么？
A. 瞳孔比猫的大
B. 瞳孔比人的小
C. 瞳孔比人的更大，有更多的"感光细胞"

075. 狗眼睛中哪个组织能够反射光线？
A. 近光组织
B. 反光组织
C. 远光组织

076. 反光组织在白天会使狗的视线怎样？
A. 散射掉一些光线，视力有所降低
B. 视力变强
C. 视力疲劳

077. 狗脚上长肉垫的作用是什么？
A. 好看、漂亮
B. 舒服
C. 不会发出尖锐的声音

078. 狗爪在不用的时候会怎样？
A. 倒立
B. 伸开
C. 缩进肉垫里

079. 狗爪是靠什么来保护的？
A. 肉垫
B. 毛发
C. 四肢

080. 狗与猫都有肉垫吗？
A. 有的有有的无
B. 都有
C. 都没有

081.狗的表情和人的不同之处在于哪里?

A.哈哈大笑
B.狗的全身都可以表现自己的情绪
C.通过腿部快跑

082.狗的哪个部位最能传情达意?

A.眼睛
B.鼻子
C.嘴巴

083.狗的舌头吐出来表达怎样的情绪?

A.悲伤的情绪
B.愤怒的情绪
C.欢快的情绪

084.怎样才能全面了解狗的感受?

A.鼓励它
B.和它说话
C.仔细观察它整个身体的动作

085.狗的智商仅次于什么动物?

A.猴子和海豚
B.猫
C.大象

086.只需听到5次遵守指令概率高于95%的狗有哪些?

A.狮子、老虎
B.比利时特弗伦犬、史其派克犬、苏格兰牧羊犬等
C.边境牧羊犬、贵宾犬、蝴蝶犬等

087.排名40~54的狗智商在什么位置?

A.是智商与服从中等程度的狗
B.是智商与服从最低等程度的狗
C.是智商与服从高等程度的狗

088.狗类的智商都一样吗?

A.年龄不同智商不同
B.都相同
C.人与人的智商不尽相同,狗也一样

089.在人类的生活中担当着必不可少的角色的狗有哪两种?

A.导盲犬和救护犬
B.贵宾犬、蝴蝶犬
C.史其派克犬、苏格兰牧羊犬

090.狗之所以可以被训练,其原因是什么?

A.狗会叫
B.狗很聪明
C.狗条件反射性很强

091.狗是怎样记住自己的名字的？

A.告诉它
B.望着它唤那个名字
C.给它写下来

092.狗"讨好"自己的主人表现了它怎样的性格？

A."善解人意"
B.对主人不闻不问
C.讨厌主人

093.狗是如何感知时间的？

A.看时间
B."生理振荡器"
C.凭感觉

094.动物和人对时间的区别在于哪里？

A.动物经常睡觉
B.动物不会看钟表
C.动物不能将时间联系起来

095.狗用"生理振荡器"来判断时间表现在哪里？

A.日常的体温变化和神经活动
B.日常的饮食休息
C.晚上按时睡觉

096."生物钟"指的是狗的什么？

A.身体活跃
B.身体会产生某种变化
C.身体会产生冷的感觉

097.狗是靠什么遵守命令的？

A."条件反射"
B.记忆力
C.学习、锻炼

098.狗是怎样认出自己的主人的？

A.看主人的发型
B.看主人穿的衣服
C.对气味和声音的灵敏

099.狗有没有长期记忆的能力？

A.没有
B.有
C.偶尔有

100.记忆是谁特有的属性？

A.蟒蛇
B.大海里的生物
C.人类

101.狗比较喜欢用哪个爪子?
A.两个都用
B.左爪子
C.右爪子

102.狗遇到危险时喜欢怎样?
A.不由自主地把右边靠近安全的地方
B.无动于衷
C.兴高采烈

103.狗在迷路时会怎样?
A.寻求帮助
B.停在路边等待
C.会下意识一直往右走

104.狗喜欢往右这属于什么现象?
A.跟着人类学习的
B.后天形成的
C.天性,是与生俱来的

105.狗怕火光与什么有关?
A.与视觉灵敏有关
B.与亮度有关
C.与热度有关

106.狗为何对突如其来的较大声音十分害怕?
A.因为嗅觉灵敏
B.因为胆小
C.因为听觉灵敏

107.在遇到大的声音时,狗会怎么做?
A.哭泣
B.捂住耳朵
C.躲起来

108.狗为何对皮革有恐惧感?
A.因为皮革的颜色很可怕
B.因为皮革上有其他动物的气味
C.因为皮革发光

109.狗会怎样使用肢体语言?
A.摇尾巴
B.奔跑
C.吠叫

110.狗在什么时候会摇尾巴?
A.生气
B.表示否定
C.高兴

111. 狗夹起尾巴说明什么？

A. 害羞
B. 不快或害怕
C. 高兴

112. 狗摇尾巴和人的哪种动作是一个意思？

A. 微笑
B. 哭泣
C. 犹豫

113. 下列哪种动物没有"占地为王"的习性？

A. 鱼
B. 老虎
C. 狗

114. 人与狗的友谊有多久了？

A. 1000 年
B. 10000 多年
C. 5000 年

115. 如果一只狗侵入另一只狗的地盘，会发生什么？

A. 一场谈判
B. 一场撕咬
C. 热烈地欢迎

116. 狗的粪便为何有特殊气味？

A. 肛门腺的分泌物
B. 吃的东西臭
C. 肠道消化的结果

117. 下列说法中不正确的是哪一项？

A. 在城市，狗不得不随人们进楼房
B. 狗喜欢趴在院子里睡觉
C. 狗喜欢有奇怪味道的地方

118. 狗讨厌狭小的地方吗？

A. 讨厌
B. 不讨厌
C. 因狗的性格而异

119. 睡在桌子下面让狗有什么感觉？

A. 害怕
B. 压抑
C. 踏实

120. 狗最喜欢的地方是何处？

A. 室内
B. 室外
C. 主人身边

十万个为什么

121.狗莽撞吗？
A.莽撞
B.不莽撞
C.勇敢且莽撞

122.哪个动作是狗情感细腻的表现？
A.睡前转一圈
B.整理毛发
C.撒娇

123.狗睡前转一圈是为了什么？
A.整理毛发
B.找个舒适的姿势
C.确保周围没有危险

124.狗为什么睡前绕住宅转一圈？
A.这是狗看家护院的习惯使然
B.这是狗的臭毛病
C.狗缺乏安全感

125.狗睡觉的姿势怎么样？
A.千姿百态
B.千篇一律
C.反复无常

126.狗最喜欢的睡姿是怎样的？
A.四脚朝天
B.缩成一团
C.捂着鼻子

127.狗捂鼻子睡时有何特点？
A.轻轻的
B.紧紧的
C.重重的

128.狗的嗅觉灵敏度是人的多少倍？
A.2
B.10000
C.几百万

129.睡眠对狗有什么好处？
A.恢复体力
B.做梦
C.恢复记忆力

130.狗睡觉的时间有规律吗？
A.睡眠时间长短一致
B.没有
C.有固定的睡眠时间

131.小狗睡觉的时间长还是成年狗的睡觉时间长?

A.小狗睡觉时间长
B.成年狗睡觉时间长
C.一样长

132.老年狗是否需要更长的睡眠时间?

A.需要
B.不需要
C.生病时需要

133.狗每天睡得安稳吗?

A.安稳
B.不安稳
C.沉睡

134.在哪种状态狗一有动静就会醒来?

A.清醒状态
B.浅睡状态
C.沉睡状态

135.狗睡觉时会"说梦话"吗?

A.会
B.不会
C.不清楚

136.我们能否猜测狗做了好梦还是噩梦?

A.能
B.不能
C.难猜

137.动物通过什么传达自己的意思?

A.语言
B.鸣叫
C.动作

138.狗的叫声有多少种?

A.70
B.100
C.170

139.狗"汪"地叫一声,表示什么?

A.要出去或是要吃的
B.生气
C.高兴

140.狗在自己的地盘上叫是什么样的表现?

A.窝里横或谦逊
B.骄傲
C.自以为是

141. 狗能够与别的动物交流吗？

A. 能

B. 不能

C. 只能和猫交流

142. 狗和其他动物的语言相同吗？

A. 相同

B. 不同

C. 不能相通

143. 狗有下列哪种观念？

A. 个人主义

B. 团体主义

C. 类属主义

144. 狗喜欢独处吗？

A. 喜欢

B. 不喜欢

C. 经常打架

145. 夜晚的狗叫是失眠的狗发出的吗？

A. 是

B. 不是

C. 狗在"说梦话"

146. 天黑以后，下列哪种动物不睡觉？

A. 狗

B. 猫

C. 鸡

147. 夜晚为何会有那么多的狗叫？

A. 狗失眠了

B. 狗的听觉太灵敏了

C. 狗的嗅觉太灵敏了

148. 狗在晚上睡熟之后听到陌生人的声音还会惊醒吗？

A. 会

B. 不会

C. 有时会有时不会

149. 狗叫得最多的时候是哪种时候？

A. 早上

B. 夜晚

C. 遇到陌生人

150. 狗是否希望受到人类的重视？

A. 是的

B. 不是

C. 依狗的品种而定

151. 狗对自己生活的环境怎么样？

A.很熟悉
B.很陌生
C.很担心

152. 闻到不同的味道，狗会有什么感觉？

A.愉悦感
B.新鲜感
C.紧张感

153. "叫的狗不咬，咬的狗不叫"和哪句话是同一个意思？

A."半斤八两"
B."装满木材的马车跑起来不响，空马车跑起来晃荡"
C."一瓶子不满，半瓶子晃荡"

154. 狗吠叫是否表示它真的很凶？

A.是
B.不是
C.依狗的性格而定

155. 很多狗冲着陌生人叫很可能是因为什么？

A.对陌生人感兴趣
B.对陌生人感到害怕
C.对陌生人感到亲切

156. 咬人的狗为什么不叫？

A.因为叫浪费力气
B.因为叫会惊到被咬的人
C.因为叫会使它分散注意力

157. 人们喜欢把什么样的狗圈起来养？

A.大狗
B.野狗
C.性格凶猛的狗

158. 性格温顺的狗长期圈养后会怎么样？

A.变得十分内向
B.变得十分凶狠
C.变得胆小

159. 经常带狗到陌生的地方去有什么好处？

A.狗会对陌生人很友好
B.狗会很凶暴
C.狗会很随意

160. 本书中不主张怎么养狗？

A.圈养
B.散养
C.喂养

161. 湿润食物是狗体内什么的功能？

A. 唾液

B. 胃液

C. 肠液

162. 狗的胃腺不能分泌什么？

A. 唾液

B. 盐酸

C. 蛋白酶

163. 盐酸有什么性质？

A. 融化性

B. 腐蚀性

C. 强咸性

164. 狗的哪一器官未参与消化食物的工作？

A. 唾液腺

B. 胃腺

C. 鼻子

165. 狗是哪种动物？

A. 吃淀粉的动物

B. 杂食性动物

C. 肉食性动物

166. 现在许多狗是吃什么长大的？

A. 鱼

B. 骨头

C. 狗粮

167. 哪种食物狗不喜欢吃？

A. 草

B. 淀粉类

C. 肉类

168. 狗吃鱼吗？

A. 吃

B. 不吃

C. 有的狗吃，有的狗不吃

169. 狗整体而言比较偏好哪种食物？

A. 面食

B. 素食

C. 肉食

170. 狗吃草的原因是什么？

A. 肠胃结构特殊

B. 草鲜美

C. 草的颜色鲜艳

171.狗的肠子占了腹腔的多少?

A.1/2

B.2/3

C.1/3

172.哪种食物对狗来说易于消化?

A.面食

B.肉食

C.蔬菜

173."狗改不了吃屎"是什么意思?

A.习性难改

B.养成一个习惯不容易

C.每只狗都喜欢吃臭的东西

174.狗吃同类的排泄物吗?

A.吃

B.不吃

C.只有疯狗才吃

175.狗吃粪便是因为饮食不好吗?

A.是

B.不是

C.不完全是

176.在原始犬中吃粪便这种行为不具有哪一种目的?

A.清洁

B.除去吸引掠夺者的味道

C.饱腹

177.对狗来说,骨头就像什么?

A.面包

B.饮料

C.零食

178.在狗的世界里,吃肉是一件怎样的事?

A.非常奢侈

B.非常常见

C.非常讨厌

179.对嘴馋的狗,骨头可以起到什么作用?

A.安慰

B.满足

C.挑逗

180.哪种牙齿对狗来说是英俊的象征?

A.圆润

B.整齐

C.锋利

181. 狗会呕吐吗？

　A. 会

　B. 不会

　C. 不清楚

182. 狗呕吐其实是一种什么行为？

　A. 自救

　B. 自损

　C. 自谑

183. 狗怎样故意呕吐？

　A. 吃肉再吐出来

　B. 吃包子再吐出来

　C. 吃草再吐出来

184. 母犬在受孕后多久会出现妊娠反应？

　A. 2～3周后

　B. 3～4周后

　C. 4～5周后

185. 为什么说"狗拿耗子"是"多管闲事"？

　A. 因为捉老鼠是猫的事

　B. 因为狗会叫就可以了

　C. 因为狗不会捉老鼠

186. 狗有下列哪种天性？

　A. 以老鼠为主要食物

　B. 喜欢火光

　C. 捕食

187. 狗的捕猎的激情能否彻底抹杀？

　A. 能

　B. 不能

　C. 不确定

188. 狗容易接触到野生动物吗？

　A. 容易

　B. 不容易

　C. 以前容易，现在不容易

189. 是不是所有的狗在撒尿时都跷起一条腿？

　A. 只有大狗这么做

　B. 只有小狗这么做

　C. 只有公狗这么做

190. 公狗为何站着撒尿？

　A. 它的生殖器与母狗不同

　B. 它怕蹲下后被别的狗偷袭

　C. 它不会下蹲

191.公狗站着撒尿为何要跷起一条腿？
　A.为了保护尿不被风吹散
　B.为了优雅
　C.因为害羞

192.对于狗来说，站着撒尿并跷起一条腿是怎样的表现？
　A.调皮
　B.幸福
　C.性感

193.人生多胞胎的概率是大是小？
　A.大
　B.小
　C.半对半

194.为什么说许多小动物是英雄妈妈？
　A.它们总能生双胞胎
　B.它们总能生多胞胎
　C.它们每胎生一个宝宝

195.贵宾犬一胎能生多少只狗宝宝？
　A.1～2只
　B.2～3只
　C.5～6只

196.哪种狗一胎能生8～12只幼仔？
　A.大白熊犬
　B.喜乐蒂
　C.吉娃娃

197.分娩后狗妈妈怎么样？
　A.一点胃口也没有
　B.身体非常有力
　C.无须补充营养

198.在分娩的过程中，狗妈妈一直在做什么？
　A.喝水
　B.吃东西
　C.说话

199.分娩过程中，狗妈妈在吃什么？
　A.狗粮
　B.水果
　C.胎盘和羊水

200.刚出生的小狗为何会干干净净的？
　A.因为用水洗过
　B.被狗妈妈舔干净了
　C.因为没长毛

201.狗妈妈"坐月子"是什么时候？

A.产前一个月
B.待产周期
C.产后一个月

202.为什么说狗妈妈生了小狗之后一下子进入"更年期"了？

A.因为狗妈妈的脾气发生了很大的变化
B.因为狗妈妈开始长皱纹了
C.因为狗妈妈身材变形了

203.什么动物有"护窝"的本能？

A.软体动物
B.哺乳动物
C.雌性动物

204.作者提到雌性动物"护窝"的本能为了说明什么？

A.母亲的残忍
B.母亲的仁慈
C.母亲有多爱自己的孩子

205.狗仔在出生多久后才能睁开眼睛？

A.一天
B.一个星期
C.一个月

206.要到多久之后，狗仔才能像大狗一样看得清楚？

A.一天
B.一个星期
C.一个月

207.在睁开眼睛之前幼仔能走路和爬行吗？

A.能
B.不能
C.有的能有的不能

208.没睁开眼睛幼仔就能走路和爬行，它们是怎么做到这一点的？

A.依靠四肢
B.依靠感觉和嗅觉
C.依靠视力

209.人是一种什么生物？

A.社会生物
B.自然生物
C.介于自然生物和社会生物之间

210.小狗在何时一直处于幼儿阶段？

A.满月前
B.出生后20天
C.能够独立生活之前

211.小狗何时可以不再依赖母乳?

A.满月前
B.出生后20天
C.能够独立生活之前

212.狗在何时可以完全独立?

A.满月前
B.出生后20天
C.出生后40天左右

213.狗到陌生人家的第一晚会怎样?

A."呜呜"地叫个不停
B."汪汪"地叫个不停
C.跑个不停

214.如何让狗不再呻吟呢?

A.走到它身边拍拍它
B.打它一顿
C.给它好吃的

215.到陌生环境后,狗会有什么感觉?

A.安全感
B.不安全感
C.兴奋感

216.狗喜欢待在新主人的身边吗?

A.喜欢
B.讨厌
C.无所谓

217.小狗总是在哪里撒尿?

A.厕所
B.室外
C.屋里

218.小狗为何不在外面撒尿?

A.不敢
B.不想跑远
C.懒省事

219.狗如何划分"势力范围"?

A.通过行政区划
B.通过"记号"
C.通过宣言

220.狗的记号是什么?

A.彩色标记
B.气味
C.声音

221.下列哪一个不是动物学家对狗的"叛逆期"的称呼？

A."反群期"
B."发情期"
C."郁闷期"

222.叛逆期的狗撒尿时有何特点？

A.撒得满屋子都是
B.故意不撒在马桶里
C.故意跑到花园里

223.狗进入叛逆期的主要原因是什么？

A.生病
B.心情不好
C.发情

224.应该怎样和叛逆期的狗相处？

A.尽量刺激它
B.尽量满足它的心愿
C.尽量不理它

225.人在多大步入成年期？

A.12岁
B.16岁
C.18岁左右

226.狗的成熟时间和什么有关？

A.饮食习惯
B.遗传基因
C.体形大小

227.小型公狗在多大之后就可以配种了？

A.7个月
B.10个月
C.12个月

228.德国牧羊犬出生多久之后才算进入成年期？

A.1年
B.2年
C.5年

229.人在什么时候想谈恋爱？

A.步入成年之后
B.年少的时候
C.老年的时候

230.人如果思慕自己的爱人会害什么病？

A.思乡病
B.相思病
C.桃花运

231. 下列哪一个不是狗进入发情期的表现?

A.活动范围会变小
B.坐立不安
C.情绪不稳定

232. 狗为什么到处一点一滴小便?

A.向外界发信号
B.闹着玩
C.心情好

233. 狗在挑选对象时在乎对方的长相吗?

A.在乎
B.不在乎
C.在乎一点儿

234. 狗从哪一方面看异性是否长得漂亮?

A.眼睛大小
B.皮毛是否光滑
C.尾巴的长短

235. 狗挑选对象时的主要标准是什么?

A.聪明
B.漂亮
C.健康

236. 狗在挑选对象时会考虑品种问题吗?

A.会
B.不会
C.很少会

237. 狗老后出现的一系列征兆是由什么决定的?

A.动物的生理规律
B.动物的脾气
C.动物的典型特征

238. 步入老年期,狗最先产生变化的是什么?

A.体重
B.面容
C.脾气

239. 狗年轻时听力怎么样?

A.很迟钝
B.很差劲
C.很灵敏

240. 狗会长皱纹吗?

A.会
B.不会

241. 狗在何时会离群索居？

A. 年老时

B. 生病时

C. 心情不好时

242. 狗感觉到怎样时会躲起来？

A. 兴奋

B. 心情不好

C. 身体无力

243. 下列哪一项不是狗躲起来的原因？

A. 等待康复

B. 让自己慢慢死去

C. 享受时光

244. 发现自己的狗"离群索居"时该怎么办？

A. 及时请兽医诊治

B. 不要打扰它

C. 陪它出去玩

245. 想要在家庭中接纳一只狗，必须怎样？

A. 与之建立友谊

B. 打它

C. 与它交流

246. 收养孩子要在什么时候？

A. 他还小时

B. 他长大时

C. 他懂事时

247. 哪一个不是趁小收养孩子的原因？

A. 孩子小时记忆力还不强

B. 孩子在小的时候更容易接受别人的关爱

C. 孩子小容易喂养

248. 要与狗培养友谊最好在何时？

A. 狗一岁时

B. 狗满月时

C. 狗老时

249. 文章63中由忠诚讲到了什么？

A. 村子里的一条狗

B. 一个老人

C. 村里的亲戚

250. 文章63中老人发生了什么事？

A. 老人迷路了

B. 老人去世了

C. 老人搬走了

251.文章63中被送走后狗怎么了?

A.与那家人建立了新的友谊

B.偷偷跑了回来

C.过着幸福的生活

252.对人类狗索取何种回报?

A.美食

B.金钱奖励

C.微笑和爱抚

253.在何时狗有了看家的本领?

A.人类驯养狗的初期

B.一个世纪之前

C.最近

254.下列哪一项不是狗的身体特征?

A.灵敏的嗅觉

B.灵敏的听觉

C.欢快的性格

255.狗通过什么报警?

A.叫声

B.动作

C.眼神

256.狗将哪两种概念统一了起来?

A.领地与家

B.自己和他人

C.狗与地区

257.狗没有哪种称号?

A."看家能手"

B."忠诚伴侣"

C."贪吃鬼"

258.谁能预报天气?

A.燕子

B.蛇

C.兔子

259.狗预报自然灾害的本领得益于什么?

A.灵敏的鼻子和耳朵

B.嘴

C.毛

260.狗能够预报哪种病发作?

A.癫痫病发作

B.头痛病

C.胃病

261. 作者将狗同哪种动物作比较？

A. 猫
B. 鸭
C. 鸡

262. 猫与哪种动物性格类似？

A. 豹
B. 狼
C. 狗

263. 狗同哪类动物性格类似？

A. 豹
B. 狼
C. 狐

264. "狗不嫌家贫"是否夸大其词？

A. 是
B. 否
C. 不清楚

265. 只有人有嫉妒心吗？

A. 是
B. 不是
C. 不清楚

266. 狗见了家里的新狗会有何反应？

A. 表示欢迎
B. 害羞
C. 扑上去咬一口都有可能

267. 共同生活在一起的两只狗会彼此嫉妒吗？

A. 会
B. 不会
C. 有时会，有时不会

268. 为了避免两只狗互相嫉妒，最好怎么抚摸它们？

A. 谁也不摸
B. 摸过这个再摸那个
C. 同时摸它们

269. 狗能看家是因为它有什么概念？

A. 家的概念
B. 领地的概念
C. 地域的概念

270. 狗有"家"的概念吗？

A. 有
B. 无
C. 可有可无

271.狗对自己家的猫态度怎么样?
A.恶劣
B.谦和
C.不理睬

272.狗对别人家的猫态度怎么样?
A.恶劣
B.谦和
C.不理睬

273."恋旧"指的是人们对什么念念不忘?
A.过去的事
B.现在的事
C.将来的事

274.狗对旧物的怀念主要依赖于什么?
A.长期记忆能力
B.爱好
C.生理本能

275.狗很在乎哪种感觉?
A.满足感
B.安全感
C.舒适感

276.狗喜欢在自己所处的地方留下什么?
A.自己的记号
B.毛
C.味道

277.导盲犬是按什么进行的划分?
A.工作性质
B.犬种
C.犬型大小

278.哪种犬不是常见的导盲犬?
A.拉布拉多
B.吉娃娃
C.金毛

279.导盲犬的口令一般为何是英语?
A.英语时尚
B.英语好听
C.狗对英语分辨率高

280.给导盲犬特定的指令依靠什么?
A.导盲犬的记忆力
B.导盲犬的目光
C.导盲犬的心理

281. 对狗来说世界上最悲惨的事是什么?

A. 挨饿
B. 无聊
C. 同自己的主人分离

282. 是不是一只狗一生只有一个主人?

A. 是
B. 不是
C. 作者未提起

283. 一只导盲犬的服务年限是多久?

A. 12 个月
B. 8～10 年
C. 10～12 年

284. 拉布拉多犬被选去接受培训是成为导盲犬的第几步?

A. 第一步
B. 第二步
C. 第三步

285. 警犬追踪犯罪嫌疑人简单吗?

A. 看似简单,其实复杂
B. 很简单
C. 那要看犯罪嫌疑人的精明程度

286. 气味采样是由谁制作的?

A. 警察
B. 警犬
C. 医生

287. 警犬是根据什么追踪犯罪嫌疑人的踪迹的?

A. 气味采样
B. 脚印
C. 风声

288. 警犬在没有警员陪同的情况下发现犯罪嫌疑人后会怎样?

A. 逃跑
B. 跟踪
C. 与之搏斗

289. "钛獠牙"是给哪些犬用的?

A. 牙齿完好的警犬
B. 家犬
C. 牙齿受伤的警犬

290. 在美国每年有多少只警犬接受安装"钛獠牙"手术?

A. 400 只
B. 500 只
C. 600 只

291. 以下哪种做法更实惠？

A. 训练新犬
B. 给病犬换獠牙
C. 二者相等

292. 钛獠牙能在罪犯的心理上起到什么作用？

A. 威慑
B. 安慰
C. 挑逗

293. 发生什么事时，救护犬就能帮上人的忙了？

A. 灾难
B. 团聚
C. 医疗事故

294. "5·12"汶川大地震时救护犬以什么为搜救目标？

A. 隐藏的活人
B. 死人
C. 医疗人员

295. 哪个不是救护犬报告情况的原因？

A. 它们很聪明
B. 它们没有统一的报告口号
C. 它们对人类与生命与生俱来的热爱

296. 哪种幸存者基本依靠救护犬发现？

A. 埋在深层的幸存者
B. 有力喊叫的幸存者
C. 埋在浅层的幸存者

297. 牧羊犬的共同特点是什么？

A. 会叫
B. 牧羊
C. 长相漂亮

298. 牧羊犬和普通的狗不一样在什么地方？

A. 它是牧场的小主人
B. 它会看家护院
C. 它聪明

299. 人们原来培养牧羊犬的目的是什么？

A. 对羊群进行守卫与驱赶
B. 看家
C. 护院

300. 牧羊犬不会干什么？

A. 卖羊
B. 赶羊
C. 吃羊

301. 生物的颜色是如何形成的？

　A.自己挑选
　B.进化
　C.涂染

302. 哪种动物会为了安全而改变自己的颜色？

　A.虫子
　B.牧羊犬
　C.变色龙

303. 哪种颜色对牧羊犬最有利？

　A.红色
　B.白色
　C.黑色

304. 如果牧羊犬和狼长成一种颜色，会发生什么事？

　A.牧羊人打伤自己的狗
　B.狼不敢来
　C.羊害怕牧羊犬

305. 斗牛犬不叫什么名字？

　A.老虎狗
　B.牛头犬
　C.战斗犬

306. 斗牛犬最初是用来做什么的？

　A.观赏
　B.打猎
　C.斗牛

307. 最有名的斗牛犬是哪国的？

　A.英国
　B.美国
　C.德国

308. 斗牛犬的脸上有什么？

　A.皱褶
　B.斑点
　C.疙瘩

309. 西施犬是一种什么狗？

　A.狩猎犬
　B.观赏犬
　C.救护犬

310. 西施狗有几层被毛？

　A.一层
　B.两层
　C.三层

311.西施犬性格如何?

A.随和

B.骄傲

C.谦虚

312.西施犬美丽的代价是什么?

A.洗澡

B.用护肤品

C.梳理、扎毛

313.蝴蝶犬刚生下来时,耳朵是怎样的?

A.展开着

B.矗立着

C.耷拉着

314.蝴蝶犬哪点像蝴蝶?

A.眼睛

B.耳朵

C.脚

315.要保持蝴蝶犬的美丽必须在哪里下工夫?

A.它的毛

B.它的耳朵

C.它的嘴

316.要用哪种纸巾清理蝴蝶犬的耳朵?

A.柔软的

B.薄的

C.厚的

317.灵提另一个名字叫什么?

A.灵魂

B.菩提

C.格力犬

318.灵提奔跑起来直线速度可达多少?

A.60千米/小时

B.70千米/小时

C.80千米/小时

319.灵提对追什么十分入迷?

A.狗

B.人

C.兔子

320.现在灵提被广泛地运用于什么?

A.犬类赛跑

B.捕猎

C.观赏

十万个为什么

321. 金毛和拉布拉多为何被训练成导盲犬?

A. 因为它们温顺
B. 因为它们大
C. 因为它们好看

322. 哪种狗喜欢汪汪乱叫?

A. 喜乐蒂
B. 金毛
C. 拉布拉多

323. 哈士奇为何好动?

A. 它性格开朗
B. 它是雪橇犬出身
C. 它不温顺

324. 金毛和拉布拉多容易和陌生人打成一片吗?

A. 容易
B. 不容易
C. 这个问题应区别看待

325. "举世公认的最古老、最稀有、最凶猛的"是哪种狗?

A. 拉布拉多
B. 藏獒
C. 阿拉斯加雪橇犬

326. 藏獒由哪种犬演变而来?

A. 古鬓犬
B. 古猎犬
C. 天狗

327. 藏獒对自己的主人怎么样?

A. 温顺友好
B. 残暴
C. 冷漠

328. 藏獒有哪种本能?

A. 忘记
B. 奔跑
C. 复仇

329. 一听茶杯贵宾犬的名字,就知道它有何特点?

A. 巨大无比
B. 胖
C. 娇小可爱

330. 茶杯贵宾犬因何诞生?

A. 设计
B. 偶然
C. 机遇

331.茶杯贵宾犬是哪种犬的缩小版？

A.玩具贵宾犬

B.吉娃娃

C.博美

332.下列哪一种不是茶杯贵宾犬的花斑纹？

A.乳牛花

B.玫瑰花

C.红白花

333.狗在何时会背叛自己的主人？

A.任何情况下都不会

B.挨饿的时候

C.受累的时候

334.传说谁要选十二生肖？

A.玉帝

B.王母

C.佛祖

335.猫对狗的评价是怎样的？

A.只会偷腥

B.吃得多，成天趴在门口

C.吓唬吓唬老鼠

336.老鼠藏在何处赶上了生肖排名？

A.牛尾中

B.牛耳中

C.牛角中

337.神话故事中的狗会看门吗？

A.会

B.不会

C.不清楚

338.希腊神话中看守地狱之门的狗叫什么名字？

A.刻耳柏洛斯

B.赫尔博兹

C.查拉图斯

339.刻耳柏洛斯住在何处？

A.天堂

B.炼狱

C.冥河岸边

340.死人乘坐谁划的船渡过冥河？

A.卡希来

B.卡戎

C.卡特

341.哪部电视剧里没有哮天犬？

A.《西游记》
B.《封神榜》
C.《忠犬八公的故事》

342.哮天犬的原型是什么？

A.中国细犬
B.阿拉斯加雪橇犬
C.大白熊犬

343.导演为何选杜宾犬演哮天犬？

A.杜宾犬帅
B.杜宾犬凶狠
C.杜宾犬耐劳

344.哪本书佐证了哮天犬原型为中国细犬这一观点？

A.《搜神记》
B.《八仙过海》
C.《孙悟空》

345.中国没有下列哪种传说？

A.天狗吃月
B.天狗吃日
C.天狗吃星

346.关于天狗的说法的真相是什么？

A.古人对自然现象的误解
B.天狗把太阳吃了
C.天狗把月亮吃了

347.天狗吃日其实是发生了什么事？

A.天狗饿了
B.天狗吃了太阳
C.日食

348.何时人们可以看到太阳一点一点地恢复了原状？

A.投影渐渐地到来之前
B.投影渐渐地离开之后
C.投影停住

349."白衣苍狗"典出杜甫的哪首诗？

A.《可叹》
B.《可感》
C.《可知》

350."苍狗"指什么？

A.白色的狗
B.黑色的狗
C.青色的狗

351. "白衣"、"苍狗"是形容什么的？

   A.时间倒流
   B.时空变化
   C.时间的变化

352. 从深层次讲，"白衣"、"苍狗"是在比喻什么？

   A.世事无常
   B.人生美好
   C.灿烂人生

353. "狡兔死，走狗烹"说的是哪种人？

   A.残忍的人
   B.忘恩负义的人
   C.爱吃肉的人

354. 刘邦为何能当上皇帝？

   A.他残忍
   B.他爱打仗
   C.他知人善任

355. "胯下之辱"讲的是谁的故事？

   A.刘邦
   B.萧何
   C.韩信

356. 韩信是否逃过一死？

   A.是
   B.否
   C.不清楚

357. "一人得道，鸡犬升天"是关于谁的故事？

   A.刘安
   B.刘彻
   C.刘秀

358. 刘安是什么身份？

   A.皇帝的亲戚
   B.农民
   C.半仙

359. 刘安遇到了几个老人？

   A.2
   B.3
   C.8

360. 谁来抓刘安了？

   A.汉武帝
   B.汉景帝
   C.汉文帝

361. 不遛狗有何坏处？

A. 狗会很野
B. 狗会闷出病来
C. 狗会性格内向

362. 职业遛狗人兴起于哪国？

A. 英国
B. 美国
C. 德国

363. 哪种人最喜欢职业遛狗人的工作？

A. 喜欢自由的人
B. 喜欢工作的人
C. 喜欢宠物的人

364. 下列哪一项不是职业遛狗人的工作的好处？

A. 轻松
B. 薪水高
C. 拘谨

365. 狗教堂为什么而建？

A. 纪念狗
B. 教育狗
C. 喜欢狗

366. 哪一国家出现了狗教堂？

A. 英国
B. 美国
C. 中国

367. 狗教堂是谁建的？

A. 斯特凡·哈涅克
B. 达·芬奇
C. 哈特

368. 当地宗教机关对定期让狗去做礼拜的提法持什么态度？

A. 极为赞成
B. 没有异议
C. 随便

369. 招待狗的饭店是一家怎样的饭店？

A. 供狗进餐
B. 供人进餐
C. 供猫进餐

370. 哪种食物在饭店里大名鼎鼎？

A. 狗族汉堡
B. 羊羔排
C. 通心粉

371. 狗可以在饭店里喝到什么？

A. 血腥玛丽

B. "狗毛"牌鸡尾酒

C. 麻椒酒

372. 开始招待狗之后，饭店的生意发生了什么变化？

A. 变冷淡了

B. 变坏了

C. 变兴隆了

373. 狗最不喜欢哪个季节？

A. 春季

B. 夏季

C. 冬季

374. 哪国开了专门为狗制造冷饮的厂子？

A. 澳大利亚

B. 德国

C. 美国

375. 为狗生产的饮料里含什么？

A. 碳酸

B. 辣椒粉

C. 增香剂

376. 狗饮料中没有下列哪种口味？

A. 鸡肉味

B. 熏猪肉味

C. 麻辣味

377. 爱斯基摩人又叫什么？

A. 因纽特人

B. 赫尔辛基人

C. 纽扣人

378. 爱斯基摩人为何不能使用汽车？

A. 他们不会

B. 天气太冷

C. 汽车里太冷

379. 爱斯基摩人用哪种狗拉雪橇？

A. 喜乐蒂

B. 大白熊犬

C. 阿拉斯加犬

380. 狗的体重和其他动物比起来怎样？

A. 较重

B. 较轻

C. 一样

381. "犬儒主义"从何兴起？

　　A.德国

　　B.古希腊

　　C.古罗马

382. 犬儒学派是谁的学生创建的？

　　A.苏格拉底

　　B.柏拉图

　　C.亚里士多德

383. 犬儒学派的人有何主张？

　　A.面对现实

　　B.逃避现实

　　C.改造自然

384. 犬儒学派的主要代表人物是谁？

　　A.莎士比亚

　　B.亚里士多德

　　C.第欧根尼

385. 通过养狗为何能学到责任感？

　　A.因为它会死

　　B.因为要照料它

　　C.因为要处理它带来的麻烦

386. 通过养狗为何可以学会耐心和宽容？

　　A.因为它不会讲话

　　B.因为它只是个宠物

　　C.因为要处理它带来的麻烦

387. 应如何面对狗狗制造的"难题"？

　　A.冲它发火

　　B.揍它一顿

　　C.耐心打理一切

Mr. Know All 互动问答 答案

001	002	003	004	005	006	007	008	009	010	011	012	013	014	015	016
A	C	B	A	B	B	C	A	B	A	C	A	C	A	B	A
017	018	019	020	021	022	023	024	025	026	027	028	029	030	031	032
B	A	A	C	C	C	B	A	A	C	C	B	C	B	A	C
033	034	035	036	037	038	039	040	041	042	043	044	045	046	047	048
C	C	B	C	B	C	B	A	C	A	C	C	B	A	C	B
049	050	051	052	053	054	055	056	057	058	059	060	061	062	063	064
B	A	C	B	A	C	C	B	C	C	A	B	C	C	B	B
065	066	067	068	069	070	071	072	073	074	075	076	077	078	079	080
C	A	A	B	B	A	C	B	A	C	B	A	C	C	A	B
081	082	083	084	085	086	087	088	089	090	091	092	093	094	095	096
B	A	C	C	A	C	A	C	A	C	B	A	B	C	A	C
097	098	099	100	101	102	103	104	105	106	107	108	109	110	111	112
A	C	A	C	C	A	C	C	A	C	B	A	B	C	B	A
113	114	115	116	117	118	119	120	121	122	123	124	125	126	127	128
A	B	B	A	C	B	C	B	A	C	B	C	C	A	A	C
129	130	131	132	133	134	135	136	137	138	139	140	141	142	143	144
A	B	A	A	B	B	A	A	B	C	A	A	A	B	B	B
145	146	147	148	149	150	151	152	153	154	155	156	157	158	159	160
B	B	B	A	C	A	B	B	C	B	B	C	C	B	A	A
161	162	163	164	165	166	167	168	169	170	171	172	173	174	175	176
A	A	B	C	B	C	A	A	C	A	C	B	A	A	B	C
177	178	179	180	181	182	183	184	185	186	187	188	189	190	191	192
C	A	A	C	A	A	C	B	A	C	B	C	C	A	A	C
193	194	195	196	197	198	199	200	201	202	203	204	205	206	207	208
B	B	A	C	A	B	A	C	C	A	C	C	B	C	B	B
209	210	211	212	213	214	215	216	217	218	219	220	221	222	223	224
A	A	B	C	A	A	B	A	C	A	B	B	B	C	A	B
225	226	227	228	229	230	231	232	233	234	235	236	237	238	239	240
C	C	A	B	A	B	A	A	B	A	C	A	C	A	C	B
241	242	243	244	245	246	247	248	249	250	251	252	253	254	255	256
B	C	C	A	A	C	B	A	B	B	C	A	C	A	A	A
257	258	259	260	261	262	263	264	265	266	267	268	269	270	271	272
C	A	A	A	A	B	B	C	A	C	A	C	B	A	B	A
273	274	275	276	277	278	279	280	281	282	283	284	285	286	287	288
A	C	B	A	A	B	C	B	C	A	B	C	B	A	A	C
289	290	291	292	293	294	295	296	297	298	299	300	301	302	303	304
C	C	B	A	A	B	A	B	A	C	B	C	B	C	B	A
305	306	307	308	309	310	311	312	313	314	315	316	317	318	319	320
C	C	A	B	B	B	C	B	B	A	C	B	C	B	C	A
321	322	323	324	325	326	327	328	329	330	331	332	333	334	335	336
A	A	B	A	B	A	C	B	A	B	A	A	B	A	B	C
337	338	339	340	341	342	343	344	345	346	347	348	349	350	351	352
A	A	C	B	C	A	B	A	C	A	B	C	A	A	C	A
353	354	355	356	357	358	359	360	361	362	363	364	365	366	367	368
B	C	B	C	A	A	C	C	A	B	A	B	C	B	C	A
369	370	371	372	373	374	375	376	377	378	379	380	381	382	383	384
B	A	C	C	B	A	C	C	A	B	C	B	B	B	A	C
385	386	387													
B	C	C													

定期给狗洗澡可以保持其体表清洁，避免被病原微生物和寄生虫侵袭。

经常为狗梳理毛发，可促进其皮肤血液循环。

如果主人不在身边,狗会本能地不快乐且缺乏安全感。

狗吐出舌头喘气说明狗很热,想尽快把体内的汗液排出去。

狗没有固定的睡眠时间,一天24小时随时都可以入睡。

狗的趾甲十分坚硬,需使用专用的趾爪剪为狗修剪。

Mr. Know All

从这里，发现更宽广的世界……

Mr. Know All
小书虫读科学